자연식
집밥 요리

PREFACE

20대 초반이라는 이른 나이에 결혼을 하고 육아에만 전념하다가 네이버 요리 블로거로 활동하기 시작한지 어느덧 8주년이 되었습니다. 횟수로는 오랜 경력의 소유자지만 꾸준하게 시작한지는 5년 정도 된 것 같아요.

아이들을 키우면서 집에서 할 수 있는 일을 찾다보니 제가 잘 할 수 있는 '요리'가 답이었어요. 취미삼아 블로그에 요리사진을 올리며 새롭게 배우는 부분들도 생기고, 상상의 날개를 펼치며 나만의 스타일로 응용하는 기대이상의 즐거움도 알게 되었습니다. 하지만 때때로 간간히 찾아오는 블태기(블로그 권태기)로 인한 고비도 있었답니다.

해가 바뀌면 새롭게 다짐하고, 연말이 되면 한 해를 뒤돌아보면서 '나도 언젠간 나만의 요리책을 펴내는 날이 오겠지?' 라는 꿈을 꾸기 시작했어요. 그러다 올 봄, 요리책을 한번 내보지 않겠느냐는 제안이 왔고 저는 고민도 하지 않고 덥석 그 손을 잡았죠.

'인내하고 정성을 들이니 기회가 찾아오는 구나!' 했답니다.

생각해보면 목차 구성에 많은 시간을 할애한 것 같아요. 어떤 요리들을 실을까 많은 고민을 했습니다. 점점 나이가 들어가면서 화려한 음식보다는 몸에 부담이 덜 한 음식이 좋아지기에, 속이 편하고 건강하면서도 간단하게 만들 수 있는 집밥요리들을 담아 보았어요.

두번째 스무살을 맞이하는 지금,

책이라는 좋은 결실을 맺을 수 있도록 수고해 주신 시대인 출판사 분들께 진심으로 감사 인사를 드리며 탈고의 기쁨과 후련함을 마음껏 누려볼까 합니다.

이 책의 요리 레시피가 많은 분들께 도움이 되었으면 좋겠습니다.

한사랑 전인영

CONTENTS

Part1. 자연식 삼시3끼

반찬

Part2. 건강한 주말 특식

한그릇요리

샐러드&샌드위치

건강주스

주전부리

요리 기본 가이드

계량하기

1. 계량도구로 계량하기 : 가루, 곡물류, 액체류 등

계량도구 1컵(200ml) 용량으로 가득 담아요.

2. 밥숟가락으로 계량하기 : 장류, 액상류, 가루류

1큰술   0.5큰술   0.3큰술

기본양념장

···· **쌈장 만들기**

재료 ➡ 된장 2큰술, 고추장 1큰술, 들기름 1큰술, 다진마늘 0.5큰술, 다진대파 1.5큰술, 연근가루 1큰술, 꿀 0.5큰술

···· **초고추장 만들기**

재료 ➡ 집고추장 3큰술, 매실발효액 4큰술, 통깨 0.5큰술

···· **달래간장 만들기**

재료 ➡ 집간장 2큰술, 양조간장 2큰술, 고춧가루 0.5큰술, 매실발효액 2큰술, 참기름 1큰술, 들기름 1큰술, 통깨 1.5큰술, 달래 1묶음

···· **부추간장 만들기**

재료 ➡ 양조간장 3큰술, 매실발효액 1큰술, 들기름 1큰술, 깨소금 2큰술, 부추(1.5cm 길이) 20g, 고춧가루 1작은술

 # 썰 기

···· 기본썰기 – 표고버섯

표고버섯 밑동을 위로 향하게 둔 다음, 밑동을 손으로 떼어내거나 칼로 잘라내고 일정한 간격으로 모양을 살려 썰어주세요.

2. 다지기 – 대파

대파는 결대로 잔 칼집을 넣고 직각으로 채 썰어준 뒤 잘게 다져요.

···· 깍둑썰기 – 무

약 2cm 두께로 납작하게 썬 후, 정사각형이 되도록 사방 2cm~2.5cm로 잘라줍니다.

···· 채썰기 – 양배추

편으로 썬 후 채 썰거나 모양대로 얇게 썰어 줍니다.

···· 어슷썰기 – 고추

재료를 한쪽으로 비스듬히 썰어 줍니다.

···· 송송썰기 – 파

재료를 일정한 간격(0.3cm 두께)으로 동그란 모양을 유지하며 송송 썰어 줍니다.

···· 반달썰기 – 호박

재료를 세로 방향으로 길게 2등분 한 후 반달모양이 되도록 썰어 줍니다.

···· 부채꼴모양 은행잎 썰기 – 호박

재료를 4등분 한 후 썰어 줍니다.

음식의 맛을 살리는 마법

강황가루

밀가루를 반죽 할 때나 생선 비린내를
제거할 때 또는 각종 찌개나 볶음밥, 고
기의 누린내를 제거할 때 사용해요. 우
유나 요구르트에 타서 먹어도 좋아요.

발사믹식초

포도를 오랜 시간 숙성시켜 만든 식초로
향이 좋아 요리의 풍미를 높여줘요. 샐
러드 드레싱이나 생선, 육류에 주로 사
용해요.

들기름

들깨를 볶아 짠 기름으로 특유의 고소한
맛과 향이 있어요. 들기름은 다른 기름
에 비해 불포화지방산이 풍부해 빨리 산
패되므로 유리병에 담아 냉장 보관하는
것이 좋아요.

빛소금

소금에 함유되어 있는 간수, 가스, 미네
랄(불순물)이 모두 제거된 순수한 소금
으로 갈증을 일으키지 않고 몸이 붓지
않아요. 부드러운 짠맛과 단맛이 식재료
고유의 맛과 향을 최대로 끌어내줘요.

들깨가루

들깨를 곱게 갈아 만든 것으로 주로 탕
이나 국, 무침 등에 사용해요.

빛소금 허브맛

1,000℃ 이상의 고온에서 녹여 만든 깨
끗한 소금에 드라이 허브가 가미된 소금
이에요. 육류를 재울 때나 웨지 감자 등
각종 요리를 할 때 사용하면 은은한 허
브의 향이 요리를 고급스럽게 만들어 준
답니다.

멸치액젓

멸치를 발효시켜 만든 것으로 김치나
국, 무침에 활용하면 감칠맛이 있어요.

쌀조청

설탕 대용으로 사용하여 요리에 윤기를
더해주고, 쌀로만 만들어 건강한 깊은
단맛을 느낄 수 있어요.

양조간장
시판간장으로 집간장(조선간장)보다는
덜 짜고 주로 무침, 조림, 양념소스로 많
이 사용해요.

통후추
피클을 만들 때나 고기의 누린내 제거에
주로 사용해요. 그라인더로 갈아서 사용
하면 음식의 풍미를 한껏 높여줘요.

엑스트라버진 올리브오일
담백하고 깔끔해 샐러드 드레싱이나 빵
을 찍어 먹을 때 또는 파스타에 주로 사
용해요.

파슬리가루
요리의 비주얼 담당으로 고명이나 부재
료로 넣어주면 음식이 한결 돋보여요.
빵가루와 섞어서 사용해도 좋고 요리 완
성 후에 솔솔 뿌려내도 좋아요.

연근가루
연근을 얇게 썰어 햇볕에 말린 후 분쇄
기로 곱게 간 가루로 전분가루 대신
사용할 수 있어요. 생선의 비린내와 육
류의 누린내를 제거하고, 김치를 담글
때 찹쌀가루 대신 사용할 수도 있어요.

표고버섯가루
생표고버섯을 햇볕에 바짝 말려 분쇄기
로 간 다음 찌개나 국, 스튜, 조림에 사
용해요.

집간장
청장, 조선간장, 국간장이라고도 부르
며 음식의 간과 색, 깊은 감칠맛을 살려
줘요. 양조간장보다는 짠 맛이 특징이
에요.

- 빛소금은 입자가 고와 음식에 금방 스며들어요. 시중의
  굵은 소금과 다르니 조절해서 사용해 주세요.
- 설탕이 꼭 들어가야 하는 요리라면 백설탕 대신 비정제
  사탕수수당, 발효액, 조청, 쌀엿, 과일 등으로 건강한 단
  맛을 내 보세요.
- 집간장은 집집마다 염도와 색이 다 달라요. 각자 집간장
  에 맞춰 양을 조절해 주세요.
- 되도록 가공소스는 적게 사용하고 건강재료와 최소한의
  양념을 사용해 맛을 살리려 노력했어요.

Part 1.
자연식 삼시3끼

반찬

연근강황피클

기관지에 좋은 연근을 아삭아삭하고 상큼하게 즐길 수 있도록 피클로 만들어봤어요.
스파게티나, 피자 등 밀가루 음식이 느끼하게 느껴질 때 함께 곁들이면 좋아요.
자극적이지 않게 만들어 부담 없이 드실 수 있답니다.

12

재 료

연근 1개 (230g), 식초 1큰술, 강황 0.2큰술

피클물 재료
물 300ml, 천년초발효액 100ml, 매실청 100ml, 통후추 1큰술, 월계수잎 1장,
빛소금 1큰술, 비정제 사탕수수당 0.5큰술

● 만들어 볼까요 ●

01 껍질을 제거한 연근은 0.3~
0.5cm 두께로 썬다.

02 연근이 잠길 만큼의 물에 식초를
1큰술 넣어 5분간 담가 둔다(식
초를 넣으면 갈변을 예방할 수
있다).

Tip
천년초발효액이 없을 경우
다른 발효액으로 대체할
수 있어요.

03 물 3컵과 연근을 넣고 15분간
삶는다.

04 삶은 연근을 소독한 유리병에 담
는다.

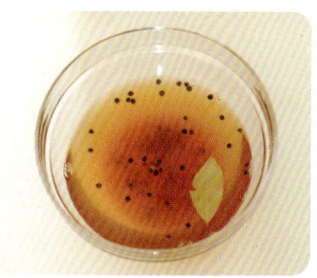

05 피클물 재료를 모두 섞어 준비한
다. 새콤달콤한 맛은 취향에 따
라 조절한다.

06 5에 강황가루를 넣고 팔팔 끓인
후, 4에 넣어 마무리한다(피클은
만들고 이틀 정도 후에 먹는 것이
좋다).

Tip
강황의 '커큐민' 성분은 각종 성인병 예방에 도움을 주고 항암, 항
염, 치매예방에도 좋아요. 강황가루(울금)는 맛과 향이 강한 편이
므로 소량만 사용해주세요. 강황은 우유나 요구르트에 타서 먹기
도 하고 밀가루 요리를 할 때 반죽에 사용하기도 해요. 생선요리
시 비린내 제거하는데도 쓰이며, 찌개를 끓이거나 고기를 삶을 때
사용하면 누린내가 제거된답니다.

오이 들깨 무침

상큼한 오이 본연의 맛을 느낄 수 있도록 최소한의 양념을 사용했어요.
들깨가루를 넣어 조금은 색다르고 고소해 뱃속을 순하게 달래주는 것 같은 별미반찬이에요.
빨갛게 무친 오이 무침이 식상하다면 만들어보세요.

재료

백오이 1개, 들깨가루 2큰술, 빛소금 0.1큰술, 집간장 0.5큰술

● 만들어 볼까요 ●

01 깨끗하게 씻은 백오이를 약 0.5cm 두께로 썬다.

02 1을 볼에 담고 빛소금을 뿌려 밑간한다(오이의 수분이 나와 들깨가루와 잘 섞이게 된다).

03 들깨가루를 준비한다.

04 2에 들깨가루와 집간장을 넣고 버무린다.

05 오이가 가진 수분 때문에 뻑뻑한 느낌 없이 잘 섞이게 되는데, 수분감을 더하고 싶다면 물 1큰술(분량 외)을 넣어도 좋다.

 **Tip**

• 다진마늘은 맛을 강하게 하므로 넣지 않는 게 좋아요.
• 들깨가루는 빨리 산패할 수 있으므로 냉동보관하는 것이 가장 좋고, 금방 사용할 양은 밀폐용기에 담아 냉장 보관해주세요. 오메가3 지방산이 풍부한 들깨가루에 꿀을 넣고 차(茶)처럼 즐겨도 좋답니다.

버섯무조림

무가 맛있게 익었을 때 푹 조려서 먹으면 일식집에서 먹던 무조림이 부럽지 않을 만큼 맛있답니다.
무가 들어가서 소화도 잘되고 버섯의 감칠맛이 밥도둑 역할까지 하는 버섯무조림입니다.

재 료

무 250g , 느타리버섯 60g, 양파 1/2개, 다진마늘 1큰술, 대파 1대

육수

물 4컵, 건다시마 12g, 국물용멸치 8개

양념

집간장 1큰술, 양조간장 1큰술, 고춧가루 1큰술, 청주 2큰술

● 만들어 볼까요 ●

01 무는 약 1cm 두께로 썰고 느타 리버섯은 가닥을 떼어낸다.

02 냄비에 육수재료를 넣고 끓이다가 다 끓으면 육수재료를 건져낸다.

03 끓는 육수에 무, 양념을 넣고 끓여준다.

04 무가 반 정도 익으면 채 썬 양파 와 다진마늘을 넣어준다.

Tip

무를 먼저 10분 정도 삶은 다음 넣어주면 시간단축 도 되고 양념이 훨씬 잘 배어 더욱 맛있는 무조림이 만들어져요.

05 버섯과 대파를 넣고 무가 푹 익 을 때까지 끓여 마무리한다.

천도복숭아 고추장무침

한 입 베어 물면 새콤달콤 풍부한 과즙이 입 안 가득 퍼지는 천도복숭아를
색다르게 즐겨볼 수 있는 이색무침요리예요.

재 료

천도복숭아 2개, 고추장 0.6큰술, 쌀조청 1큰술, 빚소금 0.1큰술, 아몬드슬라이스 1큰술

● 만들어 볼까요 ●

01 천도복숭아를 깨끗하게 씻어 준비한다.

02 과육을 균일한 모양으로 썬다.

03 깍두기 모양으로 썬 후 볼에 담아 고추장과 쌀조청을 넣고 버무린다.

04 부족한 간은 빚소금으로 맞춘 후, 아몬드슬라이스를 넣어 가볍게 섞는다.

Tip
아몬드슬라이스 대신 통깨나 통아몬드를 넣어주면 더욱 고급스럽게 즐길 수 있어요.

당귀장아찌

'당연히 되돌아온다'는 의미를 가진 당귀는 한약재로 쓰이는 식재료예요.
따뜻한 성질로 몸이 차가운 사람들에게 아주 좋아요.
쌈과 함께 곁들이기도 하고, 장아찌를 만들어 고기와 함께 먹어도 개운하답니다.

재 료

당귀 250g

장아찌물 재료
물 200ml, 양조간장 100ml, 매실발효액 100ml, 사과식초 50ml,
비정제 사탕수수당 3큰술, 빛소금 0.5큰술

● 만들어 볼까요 ●

01 깨끗하게 씻은 당귀의 질긴 줄기 부분은 자르고 잎사귀 부분을 사용한다.

02 당귀를 소독한 유리병에 차곡차곡 담는다.

03 장아찌물 재료를 모두 넣고 팔팔 끓인다

04 끓인 장아찌물이 뜨거울 때 유리병에 붓는다(숟가락으로 윗부분을 누르면 장아찌물에 푹 잠기게 되므로 누름돌은 없어도 좋다).

05 실온에서 하루 동안 숙성을 시킨 후 냉장보관한다.

06 금방 맛이 들기 때문에 이틀 후부터 먹어도 된다. 일주일 후, 장아찌물만 따라내어 한 번 더 끓여 식힌 다음 다시 부어주면 오래 두고 먹을 수 있다.

Tip
당귀장아찌를 만들 때는 줄기나 잎이 너무 굵지
않은 당귀를 사용해야 연하고 맛있답니다.

방울토마토 양송이버섯무침

맛과 향이 좋은 양송이버섯과 소화 흡수가 용이하도록 살짝 데친 방울토마토를 이용해 만들어봤어요.
최소한의 양념으로 재료 본연의 맛을 즐길 수 있어요.

방울토마토 10개, 양송이버섯 7개, 대파 1큰술, 빛소금 0.2큰술, 후추 약간

● 만들어 볼까요 ●

01 방울토마토와 양송이버섯을 준비한다.

02 토마토에 칼집을 군데군데 내서 껍질이 벗겨지도록 끓는 물에 데친다.

03 데친 토마토의 껍질을 벗긴다.

04 양송이버섯은 중약불에 버섯물이 생기도록 구워준다.

05 볼에 구운 양송이버섯, 토마토, 대파, 후추, 빛소금을 넣어 버무려 주면 완성된다(기호에 따라 참기름이나 들기름을 살짝 넣어 드셔도 좋아요).

Tip
토마토의 라이코펜 성분은 익히거나 기름에 볶을 때 흡수율이 좋아집니다. 너무 신 맛이 나는 것보다는 달콤한 맛이 날 때 드시는 것이 좋아요.

비트볶음

제철에 나오는 비트는 단맛이 풍부해서 양념을 강하게 하지 않고
최소한의 조리법과 양념으로 만들어야 가장 맛있게 즐길 수 있어요!

비트 200g, 식용유 1.5큰술, 빛소금 0.2큰술, 통깨 1큰술

● 만들어 볼까요 ●

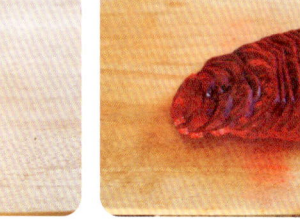

01 비트를 준비한다.

02 비트를 무생채를 썰 듯 납작하게 썬 다음 곱게 채를 썰어 준다.

Tip
피클을 만들 때 비트 몇 조각을 넣으면 붉은색이 우러나와 고운 색의 피클이 만들어져요.

03 팬에 식용유를 두르고 비트를 넣어 볶아준다.

04 비트가 부드럽게 익으면 빛소금을 넣어 간을 해주고 통깨를 뿌려 완성한다.

무말랭이 청양고추 장아찌

체력이 곧 심력이죠. 더운 여름 입맛이 없을 때 혹은 느끼한 음식을 먹을 때 함께 먹기 좋은 장아찌예요.
청양고추의 얼큰함에 스트레스 해소도 되고 오도독한 무말랭이의 식감이 입맛을 돋우는 밑반찬이랍니다.

Tip
무말랭이가 아니더라도 양파, 오이, 양배추,
파프리카 등 다양한 식재료를 활용해서 만들
어보세요. 가을무가 한창일 때 말려두었다가
여름에 사용하면 요긴하답니다.

재 료

무말랭이 70g, 청양고추 20개, 마늘 10개, 생강 1톨(13g)

절임물 재료

양조간장 300ml, 생수 100ml, 사과식초 100ml, 매실발효액 100ml, 설탕 100ml

● 만들어 볼까요 ●

01 무말랭이는 30~40분 동안 찬 물에 불린다.

02 약 1시간가량 체에 밭쳐 물기를 뺀다.

03 꼭지를 자른 청양고추를 깨끗하게 씻고 물기를 닦아낸 후, 포크로 구멍을 한 번 낸다(그래야 간장물이 속까지 고루 밴다).

04 통마늘과 생강을 준비한다.

05 소독한 유리 밀폐용기에 가장 먼저 무말랭이를 넣고, 그 위에 고추와 마늘, 생강을 차례대로 넣는다.

06 절임물 재료를 모두 넣고 팔팔 끓인다.

07 6이 뜨거울 때 5에 붓는다. 장아찌물이 고루 배이도록 나무젓가락이나 무거운 그릇을 올려 재료가 뜨지 않도록 한다.

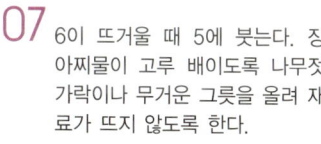
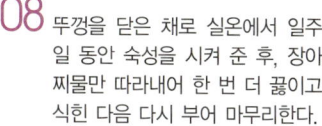

08 뚜껑을 닫은 채로 실온에서 일주일 동안 숙성을 시켜 준 후, 장아찌물만 따라내어 한 번 더 끓이고 식힌 다음 다시 부어 마무리한다.

마늘튀김

냄새를 빼면 백 가지 이로움이 있다고 하여 '일해백리' 라고 불리는 마늘에는 알리신이란 성분이 가득해요.
알리신은 항균, 살균 및 항암작용이 뛰어나고 피로회복에 좋으며 냉한 체질을 개선해주기도 합니다.
마늘은 그냥 먹으면 맵고 아리지만, 튀기면 고소하면서도 포근포근해 맛있답니다.
술안주용으로도 좋고 아이들 반찬으로도 좋아요.

 재 료
마늘 30개, 파슬리가루 0.3큰술, 빛소금 0.1~0.2큰술, 오일(튀김용) 1컵

● 만들어 볼까요 ●

01 마늘 꼭지를 제거한다.

02 물기가 남아 있으면 튀길 때 기름이 사방으로 튀므로, 물기를 반드시 닦는다.

03 프라이팬에 마늘이 노릇노릇해질 때까지 튀긴다 (나무젓가락을 넣어 기포가 뽀글뽀글 올라오면 튀기기 적당한 온도다). 튀길 때는 기름을 흡수하므로 한두 번 정도만 뒤적인다.

04 튀긴 마늘에 파슬리가루와 빛소금을 솔솔 뿌려 간한다.

 Tip
마늘과 허브잎을 함께 먹으면 입냄새를 줄일 수 있어요.

토마토 달래무침

베타카로틴과 라이코펜, 비타민C가 듬뿍 들어 있는
토마토와 따뜻한 달래, 소나무향을 가득 머금은 잣이 만난 상큼한 한 접시 요리예요.

재 료

흑토마토 3개, 달래 25g, 잣 1큰술, 들기름 1큰술, 빛소금 0.1큰술, 흑임자 1큰술, 매실청 1.5큰술

● 만들어 볼까요 ●

01 토마토는 한 입 사이즈로 자른다.

02 달래는 3~4cm 길이로 썬다(토마토와 비슷한 크기로 썬다).

03 잣은 굵게 다진다.

04 볼에 1, 2, 3과 들기름, 흑임자, 빛소금, 매실청을 넣고 버무린다.

Tip

• 흑토마토 대신 방울토마토를 사용해도 좋고, 매실청 대신 레몬청을 사용해도 좋아요.
• 볶은 참깨보다 흑임자를 사용하면 더욱 고급스러워 보인답니다.

마늘종 견과류 고추장무침

마늘의 꽃줄기인 마늘종은 마늘과 같은 효능이 있다고 해요.
익히면 매운맛은 사라지고 단맛만 남는답니다.
건강에 좋은 견과류를 넣어 매콤달콤 색다르게 만들어보세요.
입맛에 생기가 돋는 효자반찬이랍니다.

마늘종 120g, 견과류(호두, 아몬드) 30g, 고추장 1큰술, 꿀 1큰술, 들기름 1큰술, 통깨 1큰술

● 만들어 볼까요 ●

01 마늘종을 3~4cm 길이로 썬다.

02 끓는 물에 30초간 데친 마늘종을 찬물에 씻어 열기를 식힌다.

03 2와 견과류, 고추장, 꿀, 들기름을 넣어 버무린다.

04 통깨를 뿌려 가볍게 섞어 마무리한다.

Tip
마늘종은 혈액순환을 도와 수족냉증을 완화시켜주며, 몸이 차가운 사람들에게 아주 좋은 식재료예요.

호박씨 고추장 멸치볶음

칼슘의 제왕 멸치를 바삭바삭하고 고소하게 즐길 수 있는 밑반찬으로 매콤달콤한 맛이 일품이에요.
밥상에서 빠지면 섭섭한 메뉴랍니다.

재료

잔멸치 70g, 호박씨 40g, 해바라기씨 10g, 통깨 1큰술

양념장 재료

고추장 0.5큰술, 고춧가루 0.5큰술, 청주 1큰술, 양조간장 1큰술, 매실청 1큰술,
쌀조청 1큰술, 들기름 2큰술

● 만들어 볼까요 ●

01 호박씨와 해바라기씨를 섞는다
(호박씨 대신 다른 견과류를 넣
어도 좋다).

02 잔멸치의 부스러기가 많으면 소
쿠리에 담아 부스러기를 털어내
어 준비한다.

03 멸치와 양념장이 잘 어우러질 수
있도록 양념장 재료를 모두 섞어
미리 만들어둔다.

04 마른 프라이팬에 1과 2를 넣고
중약불에서 충분히 볶는다(덜 볶
았을 경우 비린내가 날 수 있다).

05 멸치가 가슬가슬 노릇노릇해졌을
때, 3을 넣고 불을 끈다. 프라이
팬이 충분히 달궈진 상태이므로
불을 끄고 섞어도 잔열에 의해
보글보글 끓게 된다(불을 끄지
않으면, 촉촉함이 떨어지고 서로
달라붙어 딱딱해질 수 있다).

06 통깨를 뿌리고 가볍게 한 번 섞
어 마무리한다.

Tip

멸치를 중약불에서 계속 볶다보면 축축한 느낌이 아닌 가슬가슬한
느낌이 난답니다. 그 때 양념장을 넣어야 맛있는 멸치볶음을 만들
수 있어요.

국물자작 두부조림

두부를 노릇하게 부친 후 물을 넉넉하게 부어 밥과 함께 비벼먹을 수 있는 두부조림이에요.
찌개나 국을 따로 준비하지 않아도 되는 영양만점 반찬이랍니다.

 재 료

두부 1모, 소금 약간, 물 200ml, 양파 1/2개, 대파 1/3대, 식용유 1큰술

양념장 재료

조선간장 2큰술, 양조간장 2큰술, 매실발효액 1큰술, 쌀엿 0.5큰술, 고춧가루 1큰술,
다진마늘 1큰술, 다진 대파 1/2대, 들기름 1큰술

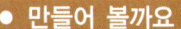 ● **만들어 볼까요** ●

01 두부를 반으로 자르고 1cm 두께로 썬 다음, 비스듬하게 놓고 소금을 솔솔 뿌린다(이렇게 하면 소금의 삼투압 작용으로 인해 수분이 빠진다).

02 양념장 재료를 모두 섞어 만들어 둔다.

03 양파는 굵게 다져 준비한다.

Tip

양념장에 연근가루를 1~2큰술 넣으면 마파두부처럼 걸쭉하게 변해서 덮밥으로 만들 수도 있어요. 덮밥으로 만드는 경우, 두부를 주사위처럼 작게 잘라 노릇하게 부쳐주세요.

04 프라이팬에 식용유를 두르고 두부를 앞뒤로 노릇하게 부친다.

05 다진 양파를 넣고 1분 동안 볶는다.

06 양념장을 넣고 섞은 후 대파를 송송 썰어 넣는다.

07 물을 프라이팬의 가장자리에 붓는다.

08 양파가 투명하게 익고, 두부와 양념장이 잘 어우러질 때까지 끓인다.

찹쌀가루 꽈리고추찜

한 김 쪄서 만든 꽈리고추와 맛있는 양념장을 함께 버무리면
부드러운 식감과 캡사이신의 매콤함이 뇌세포와 미각을 자극해 식욕을 돋게 한답니다.

꽈리고추 100g, 찹쌀가루 4큰술, 물 1큰술

양념 재료
집간장 1큰술, 양조간장 1큰술, 매실발효액 2큰술, 고춧가루 0.5큰술, 쌀조청 0.5큰술, 통깨 1큰술, 들기름 1큰술

● 만들어 볼까요 ●

01 꽈리고추는 꽈리고추가 잠길 만큼의 식촛물(분량 외, 물 적당량, 식초 1큰술)에 약 5분가량 담가둔다.

02 꽈리고추의 꼭지를 제거한다. 크기가 큰 것은 반으로 자르고 작은 것은 그대로 사용한다.

03 꽈리고추에 찹쌀가루와 물을 넣는다(찹쌀가루 대신 밀가루를 사용해도 좋다).

04 면포를 깐 찜기에 꽈리고추를 얹은 후 약 10~15분 동안 찐다.

Tip
찹쌀가루는 미리 방앗간에서 빻아 냉동보관해두면 필요할 때마다 요긴하게 사용할 수 있어요. 찹쌀가루는 새알심, 찹쌀떡, 김치 등에 다양하게 활용할 수 있답니다.

05 양념 재료를 모두 섞어 준비한다.

06 4와 5를 버무린다. 부족한 간은 소금으로 맞춰 마무리한다.

다시마튀각

주로 육수 낼 때 사용하는 다시마를 이용해 바삭바삭하고 달콤한 밑반찬을 만들어봤어요.
다시마를 섭취할 일이 거의 없지만 이렇게 반찬으로 만들면 아이들도 정말 좋아하거든요.
다시마에는 미끌거리는 알긴산이라는 성분이 가득해요.
알긴산은 장운동을 활발하게 해주고 장내 수분을 유지시켜줘 변비를 예방해준답니다.
또 다시마는 피를 맑게 해주기 때문에 혈관질환에도 좋아요.

 **재료**

건다시마 40g, 비정제 사탕수수당 3큰술, 오일(튀김용) 1컵

01 다시마를 길쭉하게 자른다.

02 마른 행주로 먼지나 이물질을 닦는다.

03 다시마를 4cm×3cm 크기로 썬다(한 입 크기가 적당하다).

04 오일에 다시마 하나를 넣었을 때 바로 떠오르는 정도의 온도면 튀기기에 적당하다(다시마는 빨리 튀겨지므로 한 번에 많은 양을 넣지 않고 한두 개씩 잠깐잠깐 튀겨내는 것이 좋다).

05 튀긴 다시마에 비정제 사탕수수당을 골고루 뿌린다.

06 기호에 맞게 비정제 사탕수수당의 양을 조절한다.

 **Tip**

요리에 설탕이 꼭 들어가야 한다면, 화학적 정제를 하지 않은 자연 그대로의 미네랄성분이 함유된 비정제 사탕수수당을 사용하면 좋아요.

연근 김치볶음

맛있게 익은 묵은지를 들기름에 달달 볶은 김치볶음은
인기 있는 추억의 도시락반찬이었죠.
여기에 색다른 식재료를 조합해보면 어떨까 해서 연근을 넣어봤는데,
겉돌지 않고 잘 어우러지더라고요.
두부와 함께 곁들이면 입맛이 없을 때 효자반찬이 된답니다.

42

 **재 료**

연근 100g, 묵은지 500g, 김치 국물 100ml, 쌀조청 3큰술, 들기름 4큰술, 대파 약간,
통깨 1큰술

01 연근은 껍질을 제거하여 준비한
다.

02 0.3cm 두께로 썬 연근을 약 20
분간 삶는다(연근을 한 번 삶아
야 간이 잘 배고 김치와 잘 어우
리진다).

03 냄비에 묵은지와 김치 국물, 들
기름, 쌀조청을 넣고 중불로 볶
다가 끓기 시작하면 중약불로 줄
인다.

04 삶은 연근을 넣고 뒤적여준다(수
분조절을 위해 약불로 낮춘 후 뚜껑을
덮어 푹 익힌다).

05 묵은지가 부들부들하게 익으면
대파를 썰어 넣고 한소끔 더 끓
인다.

 **Tip**
각 가정마다 김치의 숙성 정도나 염도, 맛이 다르니 단맛은 간을
보며 조절해주세요.

06 취향에 따라 부족한 간이나 단맛
을 보충하고 통깨를 뿌려 마무리
한다.

노각참외무침

입맛을 상큼하게 충전시켜주는 노각참외무침,
더운 여름 매콤달콤하게 입맛을 깨워주는 알찬 밑반찬이랍니다.

 **재료**

노각 1/4개, 참외 1/2개, 천일염 0.5큰술

양념 재료

다진 대파 3큰술, 고춧가루 1큰술, 고추장 0.5큰술, 꿀 0.5큰술, 다진마늘 0.5큰술, 통깨 1큰술

● **만들어 볼까요** ●

01 노각과 참외를 준비한다.

02 숟가락을 이용해 참외와 노각의 속을 긁어낸다. 그래야 요리 완성 후 지저분해지지 않고, 씨로 인해 걸리적거리는 불편함을 없앨 수 있다.

 **Tip**

늦은 오이를 노각이라 해요. 노각은 수분이 많은 식재료라 무쳐 놓으면 물이 생기니, 한 끼 드실 만큼씩만 만들면 맛있게 드실 수 있어요.

03 필러로 참외와 노각의 껍질을 벗긴다.

04 노각과 참외를 모양대로 얇게 약 0.2cm 두께로 썬다(너무 두껍게 썰면 절이는 시간이 오래 걸리고, 물이 많이 나와 지저분해 보일 수 있어요).

05 볼에 재료를 넣고 천일염을 넣는다.

06 소금을 넣은 후 2~3분간 손으로 조물조물 절인다. 그러면 간이 배고 재료가 탱탱해져 식감이 좋아진다.

07 절인 오이는 흐르는 물에 씻고 물기를 짠 후 볼에 담아 양념을 넣어 무친다.

08 부족한 간을 소금으로 맞춰주면 완성된다.

세발나물 아몬드 초무침

나물 모양이 새의 발과 닮아 이름 붙여진 세발나물은 엽록소 및 칼슘이 다량 함유되어 있어요.
오돌오돌하면서도 식감이 부드러워 생으로 먹어도 좋고, 데친 후 무침으로 먹어도 좋아요.
부침개나 국 등에 활용할 수도 있답니다.
샐러드처럼 소스를 뿌려내어 정갈한 느낌을 살렸고,
입맛을 돋울 수 있도록 고소한 아몬드도 넣어보았어요.

 **재료**

세발나물 80g, 아몬드슬라이스 100g, 초고추장 2큰술, 들기름 1큰술, 통깨 1큰술

● 만들어 볼까요 ●

01 세발나물을 그릇에 담아 준비한다(깨끗하게 씻은 세발나물을 탈탈 털어 물기를 제거한 후 밀폐용기에 담아 냉장고에 넣어두면 일주일 정도 싱싱하게 보관할 수 있다).

02 아몬드슬라이스의 고소함을 더하기 위해 마른 프라이팬에 노릇하게 볶는다.

03 그릇에 담긴 세발나물에 2와 들기름, 초고추장을 뿌린다(세발나물은 연해 숨이 금방 죽을 수도 있기 때문에, 양념에 버무리기보다는 양념을 뿌려내는 느낌으로 만드는 것이 깔끔하다).

04 통깨를 뿌려 마무리한다.

 **Tip**
초고추장 만드는 법
고추장 1큰술, 매실청 2큰술, 사과식초 0.5큰술, 통깨 0.5큰술, 꿀 0.5큰술을 섞어 만들어주세요.
초고추장은 한꺼번에 넉넉하게 만들어 냉장보관하다가, 필요할 때마다 꺼내 쓰면 편해요.

오이냉국

후끈후끈 가마솥 같은 찜통더위엔 뭐니뭐니 해도 시원한 냉국이 최고인데요.
오이냉국은 오이만 있으면 5분 만에 뚝딱 만들어 낼 수 있어요.
더운 여름, 몸 속 열기도 식혀주면서 입맛을 돌게 하는 오이냉국 어떠세요?

재료

오이 1개, 홍고추 1/2개

냉국소스 재료

물 2컵, 매실청 50ml, 국간장 1큰술, 빛소금 2/3큰술, 사과식초 2큰술,
비정제 사탕수수당 2큰술, 깨소금 2큰술

● **만들어 볼까요** ●

01 깨끗하게 씻은 오이를 곱게 채썬다.

02 채 썬 오이를 그릇에 담아 주고 어슷하게 썬 홍고
추도 넣어준다.

03 냉국소스의 분량으로 소스를 만들고 채 썬 오이에
붓는다.

04 마지막에 깨소금을 2큰술 넣어주면 완성입니다.

Tip

여름에는 얼음을 동동 띄워내고 얼큰하게
청양고추를 쫑쫑 썰어 넣으면 더욱 맛있게
즐기실 수 있어요. 설탕 대신 발효액을 넣
으면 설탕의 양을 줄일 수 있어 더욱 건강
하게 드실 수 있어요.

갓 된장무침

김장철이 돌아올 즈음 연한 갓으로 김치도 담그고 무침도 만들어보세요.
향긋함이 은은하게 퍼지는 별미반찬이랍니다.

재 료

갓 1줌, 천일염 1작은술, 된장 0.5큰술, 고추장 0.5큰술, 다진마늘 1큰술, 들기름 1큰술,
통깨 1큰술

● **만들어 볼까요** ●

Tip

갓 된장무침은 갓의 줄기가 굵은 것보다는
연하고 부드러운 것을 사용해야 맛있어요.
갓이 많을 경우, 신문지에 싼 후 비닐봉지
에 담아 냉장보관하면 5일 정도는 싱싱함
이 유지돼요.

01 여린 갓을 깨끗하게 씻는다.

02 끓는 물에 천일염을 넣고 갓을 살짝 데친다(갓의
상태에 따라 데치는 시간을 조절한다).

03 데친 갓의 물기를 짠다.

04 볼에 데친 갓과 된장, 고추장, 다진마늘, 들기름을
넣어 조물조물 무친 후 통깨를 뿌려 마무리한다.

양송이버섯볶음

육식섭취를 줄이고자 할 때, 고기 대용으로 먹으면 좋은 양송이버섯을 매콤하게 볶아봤어요.
입맛을 돋우는 반찬이랍니다.

재 료

양송이버섯 8개, 통마늘 3개, 대파 1/2대, 통깨 0.5큰술

양념장 재료
양조간장 1큰술, 매실청 1큰술, 고춧가루 0.5큰술, 빛소금 0.1큰술

● **만들어 볼까요** ●

01 양송이버섯은 흐르는 물에 살짝 씻은 후, 2등분한다(너무 작게 자르면 식감이 떨어진다).

02 마늘은 편으로 썰고, 대파는 1cm 두께로 썬다.

03 양념장 재료를 모두 섞어 미리 양념장을 만들어둔다.

04 프라이팬에 식용유를 두르고 1~2분 정도 마늘과 대파를 볶아 향을 낸다.

05 양송이버섯을 넣고 볶는다.

06 양념장을 넣고 1분간 볶는다.

07 부족한 간은 소금으로 맞춘 후, 여열로 익도록 불을 끄고 통깨를 뿌려 마무리한다.

Tip
양송이버섯에 열이 가해지면 부피가 금방 작아지니 2/3 정도 익었을 때 불을 끄고 여열로 속까지 고루 익혀주세요. 너무 오래 볶지 않도록 주의해주세요.

표고버섯 약고추장

표고버섯 약고추장은 버섯을 잘 먹지 않으려는 아이들에게 만들어주면 좋아요.
쫄깃쫄깃한 고기의 식감이 나서 잘 먹는답니다.

 **재 료**

다진 소고기 60g, 매실청 0.5큰술, 다진마늘 0.5큰술, 들기름 1큰술, 소금 0.1큰술,
후추 약간, 표고버섯 5개(40g), 고추장 5큰술, 꿀 3큰술

● **만들어 볼까요** ●

01 볼에 다진 소고기, 매실청, 다진
마늘, 들기름, 소금, 후추를 넣어
밑간을 한다.

02 표고버섯은 굵게 다진다.

 **Tip**

약고추장은 볶음고추장
이라고도 불리는데, 비빔
밥과 쌈밥에 사용해도
좋고 김밥 속재료로 활
용해도 좋아요.

03 팬에 밑간한 고기를 넣고 볶는다.

04 고기의 핏기가 사라지면 다진
표고버섯을 넣고 충분히 볶아
준다(약 3~5분).

05 고추장을 넣고 볶는다.

06 약불로 줄여 재료가 잘 어우러지
도록 볶고, 꿀을 넣어 가볍게 섞
은 후 불을 끈다. 꿀은 취향껏 넣
어 단맛을 조절한다.

07 통깨를 뿌려 마무리 합니다. 볶
은 고추장은 냉장고에 들어가면
되직해지기 때문에 빠듯하게 볶
지 않는 게 중요해요.

팽이버섯 파프리카볶음

자연의 소박한 재료들이 어우러져 화려한 앙상블을 이루었어요!
맛이 자극적이지 않고 순해 속을 편안하게 해주는 저칼로리 반찬이랍니다.

56

재 료

팽이버섯 100g, 빨강 파프리카 15g, 노랑 파프리카 15g, 청양고추 1개, 식용유 1큰술, 빛소금 0.1큰술, 흑임자 0.5큰술, 통마늘 3개

● 만들어 볼까요 ●

01 팽이버섯은 밑동을 잘라내고 파프리카와 청양고추는 곱게 채 썰어 준비한다.

Tip

채소를 볶다보면 자연스럽게 수분이 나오기 때문에 소량의 식용유를 사용해 깔끔한 맛을 살려주세요.

02 프라이팬에 식용유를 두르고, 마늘을 편으로 썰어 넣어 향을 낸다.

03 마늘이 노릇해지면 파프리카와 청양고추를 넣고 30초가량 가볍게 볶는다.

04 팽이버섯을 넣는다.

05 팽이버섯은 숨이 금방 죽기 때문에 30초~1분 정도만 가볍게 볶는다. 부족한 간은 빛소금으로 맞춘 뒤, 흑임자를 뿌려 마무리한다(집긴장이나 들기름을 소량 넣어도 된다).

돌나물 도토리묵구이

들기름에 도토리묵을 구워 고소함과 쫀득함까지 더한 도토리묵구이예요.
상큼하고 청량감을 주는 돌나물을 얹어 밍밍하지 않답니다.
초고추장의 달콤매콤함이 어우러져 맛도 좋을 뿐 아니라
비주얼도 근사해서 손님초대 요리메뉴로 내놓아도 손색없어요.

도토리묵 200g, 들기름 1큰술, 돌나물 1줌, 초고추장 2~3큰술, 아몬드슬라이스 2큰술

● 만들어 볼까요 ●

01 도토리묵을 한 입 크기로 썬다.

02 들기름을 두르고 앞뒤로 노릇노릇하게 굽는다.

03 돌나물의 줄기부분은 잘라내고 잎부분만 준비한다.

04 구운 도토리묵을 접시에 담고 돌나물과 초고추장, 아몬드슬라이스를 올려 마무리한다.

Tip

도토리묵을 뜨거운 물에 한 번 살짝 데치면 더 쫀득쫀득하고 말랑말랑해진답니다. 도토리묵의 이물질까지 제거돼요.

두릅튀김

하얀 드레스를 입은 듯 순수한 자태로 바삭바삭하게
튀겨진 두릅튀김의 맛은 고급스럽고 마치, 입 속에서 봄이 춤을 추는 것 같답니다.
두릅이 제철일 때 꼭 만들어보세요. 고소함 속에 은은하게 피어오르는 두릅의 향긋함이 특징이랍니다.

재 료

두릅 100g, 오일(튀김용) 적당량
튀김옷 재료
감자전분 1큰술, 밀가루 3큰술, 물 80ml, 빛소금 0.1큰술

● 만들어 볼까요 ●

01 손질한 두릅을 씻은 후, 키친타월에 올려 물기를
제거한다(물기가 남아 있으면 튀길 때 기름이 사
방으로 튀게 되므로 물기를 꼭 짠다).

02 튀김옷 재료를 모두 섞은 후 두릅을 넣어 튀김옷
을 묻힌다.

03 오일이 180℃ 정도 되면, 튀김옷을 입힌 두릅을
하나씩 넣어가며 튀긴다(오일에 밀가루를 한 방울
떨어뜨렸을 때, 바로 떠오르면 튀기기에 적당한 온
도다). 약 1분~1분 30초 정도 튀기면 충분하다.

04 다 튀겨진 두릅은 키친타월에 얹어 여분의 기름을
제거한다.

Tip

두릅튀김에 양파장아찌나 고추장아찌와 같
은 간장장아찌를 곁들이면 더 풍부한 맛을
즐길 수 있어요. 튀길 때 재료를 너무 많
이 넣으면 온도가 내려가 두릅튀김이 바삭
바삭하지 않게 되므로, 적당한 양을 넣고
튀겨주세요. 자주 뒤적이면 기름을 많이
흡수하므로 이따금씩만 저어주세요.

삼치강정

비린내가 적고 담백해 조림, 구이, 찜 등 다양하게 활용할 수 있는 삼치로 강정을 만들어봤어요.
아이들을 위한 건강 영양간식으로도 좋고, 술안주로도 좋답니다.
삼치를 튀긴 후 강정소스에 버무렸더니, 아이들이 삼치인 줄 모르고 아주 잘 먹더라고요.

 재 료

삼치 1마리, 전분가루 3큰술, 오일(튀김용) 적당량, 쪽파 1줄기, 흑임자 0.5큰술

밑간 재료

빛소금 약간, 후추 약간, 생강술 2큰술

소스 재료

고추장 0.5큰술, 고춧가루 0.5큰술, 양조간장 1큰술, 매실청 1큰술, 쌀조청 3큰술

● 만들어 볼까요 ●

01 냉동된 삼치인 경우, 냉장실에서 해동을 시킨다.

02 삼치를 한 입 크기로 자른 후 밑간재료에 5~10분간 재운다.

03 소스재료를 모두 섞어 준비한다.

04 5~10분간 재운 삼치에 전분가루를 고루 묻힌다.

05 4를 넉넉한 오일에 넣고 앞뒤로 노릇노릇하게 튀긴다(두 번 튀기지 않아도 바삭바삭하다).

06 다 튀긴 삼치는 키친타월에 얹어 여분의 기름을 제거한다.

07 깨끗한 프라이팬에 만들어 놓은 소스를 넣고 바글바글 끓인다(센불로 끓이면 타기 때문에 중약불에서 끓인다).

08 여분의 기름을 제거한 삼치를 소스와 잘 버무린 후, 송송 썬 파와 흑임자를 뿌려 마무리한다.

 **Tip**

• 강정소스는 반드시 끓이고 사용해야 고추장 생내가 나지 않아요.
• 뼈가 발라진 순살 숙성 삼치를 사용하면 더욱 편해요.

구운 가지무침

안토시아닌이 풍부한 가지는 항산화작용 뿐만 아니라 스트레스를 완화하고 시력을 좋게 한다고 하죠.
가지를 구워 수분기를 날린 후 만들면 좀 더 쫄깃거리는 식감으로 드실 수가 있어요.

재 료

가지 1개, 식용유 약간

양념장 재료

양조간장 1큰술, 고춧가루 0.3큰술, 참기름 0.5큰술, 다진마늘 0.3큰술, 통깨 0.5큰술,
부추 1줄기

01 가지꼭지 부분의 껍질을 벗기고 잘라 낸다.

02 가지를 약 0.5cm 정도의 두께로 어슷썬다.

03 약간의 식용유를 두르고 앞뒤로 노릇하게 구워 준다.

Tip

• 가지는 수분이 많기 때문에 구우면 담백
  함과 쫄깃함이 살아나요.
• 가지무침은 찜솥에 10~15분간 찐 다음
  수분을 제거하고 양념에 무치거나 전자
  렌지로 익혀서 만드셔도 좋아요.

04 볼에 구운 가지를 담고 양념장을 넣어 무쳐 준다.

05 맛을 보아 부족한 간을 소금으로 맞춰주면 완성이다.

더덕고추장볶음

더덕의 사포닌 성분은 원기회복이나 가래 등을 해소하는데 도움을 준다고 해요.
쌉싸래한 듯 달콤한 더덕이 가장 맛있을 때는 가을이에요.
더덕구이를 가장 흔하게 볼 수 있는데, 잘게 찢어 고추장과 버무려 볶아내도 구이의 맛을 느낄 수 있답니다.

재 료

더덕 250g, 식용유 1큰술, 통깨 약간

양념장 재료

고추장 1큰술, 고춧가루 0.5큰술, 매실발효액 2큰술, 양조간장 1큰술, 들기름 1큰술,
빛소금 0.1큰술

● 만들어 볼까요 ●

01 껍질을 벗긴 더덕을 준비한다.

02 방망이로 더덕을 살살 두드린다.

03 더덕은 길쭉하게 찢고 양념장 재료를 모두 섞어
양념장을 만든다.

04 더덕과 양념장을 버무린 후, 식용유를 두른 냄비
에서 중약불로 볶는다(마늘을 함께 넣어도 좋다).
부족한 간을 소금으로 맞춘 뒤, 통깨를 뿌려 마무
리한다.

 **Tip**

• 더덕 손질하는 법

더덕을 끓는 물에 1분간 데치고 온기가 없어질 때까지 찬물에 담가두세
요. 세로로 칼집을 낸 뒤, 가로방향으로 껍질을 벗겨주세요. 더덕은 껍질
째 신문지에 싸서 냉장고에 넣어두면 오랫동안 보관할 수 있답니다.

• 취향에 따라 올리고당이나 조청을 1~2큰술 넣어도 좋아요.

삼치 김치조림

삼치는 가을부터 살이 오르기 시작해서 겨울에 가장 맛있어요.
비린내가 적고 담백하며 쫄깃해서 구이나 조림 등 어떻게 요리해도 좋아요.
주방에서 요리를 하고 있으면 맛있는 냄새가 집안 가득 퍼지죠.
그럴 때 아이들이 미소를 머금고 "엄마, 뭐 만들어?"라고 묻곤 해요.
이런 일들을 통해 행복한 시간을 나누고 소통과 교감을 할 수 있는 것 같아요.
집밥을 통해 얻을 수 있는 소중한 순간들이랍니다.

재료

삼치 1마리, 김치 220g, 물 350ml, 양파 1/2개, 청고추 2개, 대파1/2대, 빛소금 약간

조림장 재료

조선간장 2큰술, 생강술 2큰술, 고춧가루 1큰술, 다진마늘 1큰술, 후추 약간, 된장 1큰술

● 만들어 볼까요 ●

01 냄비 바닥에 김치를 깔아준다.

02 조림장 재료를 모두 섞어 조림장을 만든다.

 **Tip**

• 연근을 얇게 썰어 식촛물에 5분 정도 담가 갈변을 예방한 후, 채반에 얹어 햇볕에서 4~5일 정도 말리고 분쇄기로 간 것을 요리를 할 때 넣어주면 전분가루 역할을 해줘요. 생선요리 시 비린내를 제거하는 효과도 있답니다.

• 등푸른생선인 삼치는 DHA가 풍부해서 아이들 두뇌발달에 도움이 돼요.

03 김치를 깔아둔 냄비 위에 삼치를 얹은 다음, 조림장을 삼치살 부분에 골고루 바른다.

04 채 썬 양파를 얹은 후, 가장자리 쪽으로 물을 부어 푹 끓인다. 중간 중간에 조림장을 생선 위에 끼얹으면 양념이 고루 밴다.

05 김치가 부드러워지고 조림장이 반으로 줄어들었을 때, 어슷하게 썬 청고추와 대파를 넣는다. 부족한 간을 빛소금으로 맞춘 다음 한소끔 더 끓인다.

시래기 된장지짐

시래기와 된장은 부족한 영양을 채워줄 수 있는 찰떡궁합 재료예요.
들깨가루가 들어가 구수함이 배가 된 밥도둑 반찬이랍니다.

재 료

시래기 350g, 된장 3큰술, 들깨가루 6큰술, 다진마늘 1큰술, 물 600ml, 중멸치 7마리, 홍고추 1개, 표고버섯 2개, 대파 1/2대

● **만들어 볼까요** ●

01 껍질을 벗긴 시래기를 흙이 나오지 않을 때까지 물에 담가 흔들흔들 씻는다.

Tip

깨끗하게 보이는 시래기일지라도 물에 씻어보면 흙이 많이 나올 수 있어요. 줄기와 뿌리의 이음새 부분을 잘 씻어주세요. 시래기 껍질을 제거하면 더욱 부드럽게 먹을 수 있답니다.

02 물기를 꼭 짠 시래기와 된장, 다진마늘, 들깨가루를 볼에 담아 조물조물 무친다(이렇게 양념한 후 먹을 만큼씩 소분하여 냉동보관하였다가 꺼내 먹어도 좋다).

03 2를 냄비에 담고 물을 붓는다(물 대신 멸치다시마육수를 만들어 넣으면 더욱 감칠맛이 난다).

04 중멸치를 넣고 끓이다가 끓기 시작하면 불을 줄인다. 수분이 유지되고 시래기가 부드러워질 수 있도록 냄비 뚜껑을 덮고 더 끓인다.

05 시래기가 부드러워지면 표고버섯과 홍고추를 넣는다(홍고추가 매운맛이 덜하다면, 청양고추를 넣어도 좋다).

06 맛이 잘 어우러지면 어슷하게 썬 대파를 넣고 한소끔 더 끓여 마무리한다.

마씨앗 마늘조림

마씨앗은 참마의 열매로 위장에 좋은 뮤신 성분이 들어있어 소화불량, 위염, 역류성 식도염 등
다양한 염증을 완화하는 데 효과가 있어요.
껍질을 벗기지 않고 그대로 섭취하며,
삶으면 포근포근한 감자와 비슷한 맛이 나기 때문에 간식으로 즐기기도 좋아요.

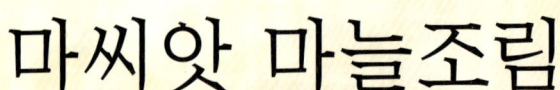

재 료

마씨앗 400g, 통마늘 70g, 물 300ml, 양조간장 1큰술, 조선간장 2큰술, 쌀조청 3큰술, 빚소금 0.1큰술

● **만들어 볼까요** ●

01 통마늘을 손질한다(지저분해 보이지 않도록 꼭지부분도 다듬는다).

02 마씨앗을 깨끗하게 씻는다.

Tip

• 마씨앗 마늘조림은 김치냉장고에 넣어두면 오랫동안 보관할 수 있어요.

• 마씨앗은 삶아서 밥지을 때 함께 넣어도 되고, 우유나 수분감이 있는 식재료와 갈아서 음료로 먹어도 좋아요.

03 마씨앗이 잠길 만큼의 물을 부어 마씨앗을 10분 동안 삶은 후, 흐르는 물에 한 번 씻는다(마씨앗은 껍질째 먹기 때문에 미리 삶아 간이 잘 배도록 하는 것이 좋다).

04 3을 냄비에 담고 통마늘, 양조간장, 조선간장, 물을 넣고 졸인다.

05 조림장이 반으로 줄면 쌀조청을 넣어 윤기와 달콤함을 낸다.

06 너무 바짝 졸이지 않고, 자작할 정도로 졸여야 촉촉하게 먹을 수 있다. 부족한 간을 빚소금으로 맞춘 뒤, 취향에 따라 단맛을 조절하여 마무리한다(마늘이 너무 푹 무를 때까지 졸이면, 나중에 지저분하게 보일 수도 있으니 주의한다).

묵은지 등갈비찜

손님초대요리메뉴로도 좋고, 온가족이 모였을 때 주말별식으로 만들어 먹어도 좋은 묵은지 등갈비찜이에요.
고기보다 김치가 더 맛있어서 게 눈 감추듯 먹게 되는 밥도둑이랍니다.

재료

등갈비 1kg, 물 7컵, 월계수잎 1장, 대파 1대, 통후추 1큰술, 당귀 1~2g, 묵은지 1/2포기,
양파 1개, 대파 1대, 청고추 2개, 다진마늘 1.5큰술, 빚소금 약간

양념 재료

물 2.5컵, 김치 국물 0.5컵, 된장 0.5큰술, 양조간장 2큰술, 매실청 2큰술

● 만들어 볼까요 ●

01 등갈비를 준비한다.

02 물과 월계수잎, 대파, 통후추, 당귀를 넣고 팔팔 끓인다.

03 등갈비를 넣고 등뼈에서 핏물이 나오지 않을 때까지 약 10분간 삶는다.

04 묵은지를 준비한다. 김치소가 많으면 요리가 지저분해 보이므로 반드시 털어낸다(김치의 숙성정도나 맛에 따라 양념을 적절하게 사용한다).

05 삶은 등갈비 하나에 김치 하나를 돌돌 말아 압력밥솥에 담는다. 물(양념 재료용)과 양념 재료를 넣고 13분간 삶는다(물 대신 멸치다시마육수를 사용하면 더욱 감칠맛이 난다).

06 압력이 빠지면 뚜껑을 열고 둥둥 뜬 기름기를 숟가락으로 건어낸다. 채 썬 양파와 대파, 청고추, 다진마늘, 빚소금을 넣고 한소끔 더 끓여 마무리한다.

 Tip

압력밥솥을 활용하면 고기가 야들야들하게 잘 삶아지고 조리 시간을 단축할 수 있어요. 더운 여름에 실내온도를 높이지 않고 요리할 수 있다는 장점도 있답니다.

적채오이피클

피클은 파스타나 느끼한 음식에 곁들여 먹으면 입 안을 개운하게
해주고, 더운 여름엔 입맛을 돋우는 데 좋아요. 적채를 넣으면
천연색소가 우러나와 고운 빛깔로 더욱 먹음직스럽게 보인답니다.

 재료

오이 2개, 굵은 소금 약간, 적채 2잎, 매운 홍고추 1개, 청양고추 1개
피클물 재료
매실발효액 150g, 생수 250ml, 사과식초 50ml, 통후추 1큰술, 빛소금 1~2큰술

● 만들어 볼까요 ●

01 굵은 소금으로 오이를 문질러 깨끗하게 씻는다.

02 매운 홍고추와 청양고추를 적당한 크기로 자른다.

03 오이는 1.5cm 두께로 큼지막하게 썰어 준비한다(묵칼로 자르면 모양이 예쁘게 나온다).

04 적채는 네모나게 한 입 크기로 썬다.

05 밀폐용기에 2, 3, 4를 넣는다.

06 피클물 재료를 모두 넣고 팔팔 끓인다.

07 끓인 피클물이 뜨거울 때 5에 부은 후, 뚜껑을 덮고 밀폐시킨다(보통 피클물은 물:설탕:식초를 1:1:1 비율로 만들지만, 개인의 입맛과 취향에 따라 조절해도 좋다).

Tip
· 굵은 소금으로 오이를 씻을 때 고무장갑을 끼면 손이 아프지 않아요.
· 피클링스파이스 2큰술, 월계수잎 1장을 넣어 만들면 더욱 향긋한 피클이 돼요. 적채 대신 비트를 사용해도 붉은색이 된답니다.

채끝살 파프리카볶음

질 좋은 소금이야 말로 최고의 조미료죠. 다른 소스 없이 담백하게
소금으로만 간을 해서 재료 본연의 맛을 살려 건강하게 만든 볶음요리예요.
향긋한 야채들이 향신료역할을 해주기 때문에 잡냄새 없이 즐길 수 있답니다.
은은한 파프리카와 고추의 향이 채끝살에 스며들어 깔끔하고 고소하답니다.

재 료

채끝살 300g, 노랑 파프리카 1/2개, 빨강 파프리카 1/2개, 양파 1/2개, 마늘 5쪽, 청고추 2개, 건고추 1개, 식용유 3큰술

밑간 재료

후추 약간, 소금 약간

● 만들어 볼까요 ●

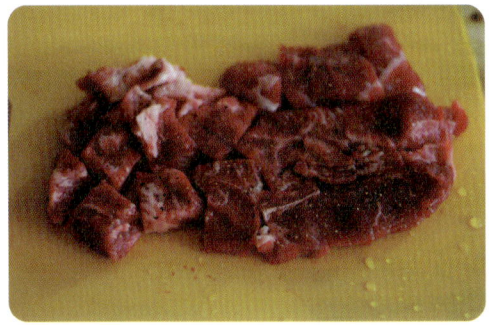

01 채끝살에 후추와 소금으로 밑간을 한 후, 한 입 크기로 자른다.

02 파프리카, 양파, 청고추, 건고추, 마늘을 썬다.

03 식용유를 두르고 마늘과 양파, 건고추를 약 3분 동안 볶는다.

04 밑간한 채끝살을 넣고 가볍게 한 번 볶는다.

05 파프리카와 청고추를 넣고 부족한 간은 소금으로 맞춘 뒤, 채끝살의 핏기가 사라지면 불을 끈다(소고기는 오랫동안 볶으면 질겨지므로 핏기가 없어질 정도로만 살짝 볶는다).

Tip

채끝은 소고기 등심 아랫부분에 붙은 부위로 지방이 적어 다이어트에도 좋고 양질의 단백질을 섭취하기에도 좋아요.

항정살구이 부추무침

피를 맑게 하고 혈액순환을 돕는 부추와 기름층이 고루 분포되어 고소하지만 지방이 많은 항정살을 함께 먹어보세요. 이 두 재료는 음식 궁합도 잘 맞고, 서로 부족한 영양도 채워준답니다.

재 료

항정살 500g, 부추 60g, 양파 20g
무침양념 재료
고춧가루 0.5큰술, 들기름 1큰술, 통깨 1큰술, 빛소금 0.2큰술

● 만들어 볼까요 ●

01 부추는 깨끗하게 씻어 4~5cm 길이로 썬다.

02 양파는 곱게 채 썬다.

03 1, 2와 무침양념 재료를 모두 넣고 가볍게 살살 버무린다(나무젓가락을 이용하면 재료가 무르지 않고 잘 버무려진다).

04 항정살을 준비한다(항정살은 특수부위 중 하나로, 고소하면서도 누린내가 적다).

05 앞뒤로 노릇노릇하게 구워낸 후, 준비해둔 부추무침과 곁들여 마무리한다.

Tip
항정살은 부추무침 대신 파무침과 함께 먹어도 좋아요. 파무침은 대파를 곱게 채 썰어 넣고 부추무침과 마찬가지로 고춧가루, 들기름, 빛소금, 통깨를 넣어 버무리면 돼요.

단호박조림

단호박에는 노란빛을 내는 베타카로틴이 들어있는데, 이 성분은 면역력을 높여주고 노화예방에 효과가 있다고 해요.
자극적이지 않고 순한 맛의 단호박조림은 속이 더부룩하거나 답답할 때 먹으면 좋아요.
간단한 양념으로 소박하게 만든 이 요리를 먹으면 달달하면서도 부드러운 맛에 정겨운 미소가 절로 나온답니다.

재 료

단호박 1/2통, 식용유 1큰술

양념 재료

양조간장 1큰술, 매실발효액 1큰술, 쌀조청 1큰술, 물 100ml, 빛소금 0.1큰술

● **만들어 볼까요** ●

01 속을 파낸 단호박을 깨끗하게 씻는다.

02 단호박을 2cm 두께로 썰어 준비한다.

03 한 입 크기로 썬 후 모서리를 둥글게 다듬는다(둥글게 다듬어야 단호박이 서로 부딪혀 뭉그러지지 않는다).

Tip

단호박 모서리를 다듬고 남은 부분은 잘게 다져 냉동보관하였다가, 볶음밥이나 된장찌개에 활용해보세요.

04 양념 재료를 미리 섞어 준비한다.

05 냄비에 식용유를 두르고 2~3분간 볶다가 양념을 넣는다.

06 끓기 시작하면 중약불로 줄여 뭉근하게 조리며 중간중간 섞어준다(뚜껑을 덮고 조리해야 단호박의 속까지 고루 익는다).

07 부족한 간은 소금으로 맞추고, 속까지 익으면 불을 끄고 마무리한다.

파래표고전

표고버섯을 충충 굵게 다져 파래와 함께 전으로 부치면 쫀득쫀득한
식감이 더해질 뿐만 아니라 서로 부족한 영양도 채워줄 수 있어요.
반찬으로 먹어도 좋고, 막걸리와 함께 먹어도 좋아요. 얼큰한 고추의
캡사이신이 느끼함을 잡아주어 개운한 맛이랍니다.

재 료

파래 한 묶음, 표고버섯 3장, 매운 홍고추 1개(혹은 청양고추 1개), 밀가루 1컵, 물 180ml, 빚소금 0.2큰술, 식용유 약간

● 만들어 볼까요 ●

01 볼에 파래를 담고 물을 부어 흔들흔들 씻는다.

02 표고버섯은 굵게 다지고 매운 홍고추는 쫑쫑 썰어 준비한다.

03 1과 2, 밀가루, 물, 빚소금을 넣고 반죽을 만든다 (물의 양은 파래의 수분량과 반죽의 되기를 확인 하면서 조금씩 넣어준다).

04 반죽을 한 숟가락씩 떠서 식용유를 두른 프라이팬 에 올려준다. 앞뒤로 노릇노릇하게 부친다.

Tip

• 전을 부칠 때 올리브유를 사용하면 느끼 함이 덜하고 깔끔한 맛이 나요.

• 제철음식은 보약이랍니다. 내 몸에 맞게 조리하고, 영양을 보충해주면 값비싼 보 약이나 식재료가 아니더라도 건강을 유 지할 수 있어요.

깐풍두부

두부를 부침이나 조림으로만 드셨다면,
새콤달콤한 깐풍두부를 만들어 보세요. 친근하면서 색다르고,
밥투정하는 아이에게 신선한 자극이 될 만한 반찬으로,
밥에 올리면 덮밥으로도 변신하는 깐풍두부랍니다.

재 료

두부 1팩, 식용유 2큰술

깐풍양념 재료

다진양파 40g, 다진대파 5g, 홍고추 1/2개, 양조간장 3큰술, 매실액 1큰술, 쌀조청 1큰술

● **만들어 볼까요** ●

01 두부는 한 입 크기로 깍둑썰기합니다(너무 작게 자르면 부칠 때 불편해요).

02 양파는 굵게 다지고 대파와 홍고추는 송송 썰어 준비합니다(청양고추를 넣으면 개운하고 매콤하게 즐기실 수 있어요).

03 깐풍양념을 만듭니다(매실액의 산도에 따라 단맛을 조절하세요).

04 팬에 식용유 2큰술을 두르고 두부를 부칩니다(앞뒤로 노릇하게 부쳐야 탄력이 있고 쫄깃해요).

05 두부가 노릇해지면 깐풍양념을 넣어 조립니다.

06 중약불로 줄여 2~3분 정도 조린다(소스를 자작자작하게 남겨야 촉촉하게 드실 수 있어요).

Tip

깐풍양념은 깐풍만두, 닭을 활용한 깐풍기, 부침개 소스 등 다양하게 활용할 수 있어요.

오이소박이

여름에 잘 어울리는 김치로 아삭아삭한 식감이 특징이에요.
상큼한 맛과 향으로 더위로 지친 입맛에 생기를 불어 넣어주는 반찬이랍니다.

재 료

백오이 6개, 물 8컵, 천일염 1/2컵, 부추 150g

양념 재료

양파(갈은 것) 1/2개, 고춧가루 9큰술, 매실발효액 4큰술, 멸치액젓 2큰술, 빛소금 1큰술

● **만들어 볼까요** ●

01 오이를 준비한다(오이소박이를 만들 때는 통통하며 모양이 곧고 바르며 꼭지가 싱싱한 오이가 좋다)

02 천일염(분량 외)을 뿌려 문질러 씻는다.

03 오이에 돌기가 많을 경우, 칼날을 오이에 밀착시켜 살살 긁어내주고 오이를 3~4cm길이로 썬다.

04 밑부분 0.5cm 정도 남겨두고 십자모양 칼집을 넣는다.

05 냄비에 물과 천일염을 넣어 팔팔 끓인 뒤 오이를 부어 50분간 절인다. 다 절여진 오이는 흐르는 물에 씻은 후, 소쿠리에 담아 물기를 제거한다.

06 부추는 깨끗하게 씻어 0.5~1cm 길이로 송송 썬다.

Tip

• 청오이보다 백오이가 껍질이 얇고 아삭해서 오이소박이용으로 사용하기 좋아요.

• 사용하고 남은 부추는 식촛물에 씻어 물기를 털어 내고 밀폐용기에 담아 냉장보관하면 1주일이 지나도 무르지 않고 싱싱하게 보관이 된답니다.

07 양념재료를 모두 섞은 뒤, 부추를 넣어 소를 만든다(취향에 따라 새우젓이나 소금, 물엿 등을 추가해도 좋다).

08 십자 모양에 소를 채워 넣는다.

코다리조림

겨울철 별미 코다리조림이에요. 명태를 반건조시킨 것이 코다리인데요.
비린내가 적고 담백하면서 쫄깃한 식감이 특징이에요.

재 료
코다리 2마리, 물 2컵, 고추장 1큰술, 무 250g, 대파 1/3대, 청양고추 1개, 홍고추 1개
양념장 재료
조선간장 2큰술, 고춧가루 0.6큰술, 다진마늘 1큰술, 다진 생강 5g, 식용유 1큰술

● **만들어 볼까요**

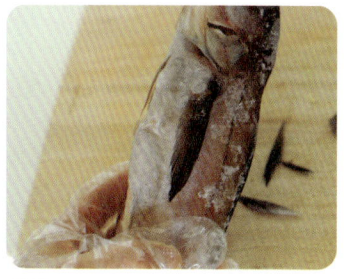
01 가위로 코다리 몸통에 붙어 있는 지느러미를 모두 자른다.

02 코다리를 4등분한다(생선 대가리를 넣으면 더욱 깊은 국물 맛이 나므로 함께 끓인다).

03 무는 약 0.2cm 두께로 나박나박하게 썬다.

04 냄비에 물과 나박하게 썬 무, 고추장을 넣고 7분간 끓인다.

05 4가 끓는 동안 양념장 재료를 모두 섞어 양념장을 만든다(양념장에 식용유를 넣으면 코다리가 더욱 부드러워진다).

Tip
코다리를 완전히 녹여 요리하면 육즙이 빠져요. 냉동실에서 꺼내 10분 정도만 해동한 후 사용해주세요.

06 코다리와 양념장을 넣고 뚜껑 덮은 채 끓인다.

07 무가 익고 국물이 반 정도 줄어들었으면 어슷하게 썬 대파와 청양고추, 홍고추를 넣어 한소끔 더 끓여 마무리한다.

톳 된장무침

오돌오돌 톡톡한 식감의 톳은 칼슘이 풍부해 골다공증을 예방한답니다.

재료

톳 150g, 천일염 1작은술

양념장 재료

된장 0.5큰술, 다진마늘 1큰술, 들기름 1큰술, 통깨 1큰술

● 만들어 볼까요

01 톳을 준비한다(이물질이 많을 수 있으니 담근 물에 여러 번 씻어주세요).

02 냄비에 물 3컵을 붓고 팔팔 끓으면 천일염 1작은술과 톳을 넣어 1분간 데친다.

03 데친 톳을 재빨리 물에 씻어 선명한 색이 유지되도록 한다.

04 길쭉한 톳을 먹기 좋은 크기로 자른다.

05 물기를 제거한 톳에 양념장을 조물조물 무치면 완성이다(매콤한 청양고추를 반 개 정도 썰어 넣으면 칼칼하게 드실 수 있어요).

Tip

톳은 초무침, 두부무침, 부침개 등 다양한 조리법으로 요리할 수 있어요.

장어강정

보양식으로 손꼽히는 식재료인 장어로 매콤달콤해 아이들이 좋아하는 강정을 만들어 봤어요.
기력이 쇠해졌다 싶을 때 만들어 먹으면 힘이 불끈불끈 솟는답니다.

Tip
튀김을 바삭바삭하게 하려면 계란
흰자보다 노른자를, 물 대신 탄산
수를 사용하면 좋다.

재 료

장어 5마리(1.5kg), 전분가루 100ml, 계란노른자 1개

밑간

소금, 후추

강정소스

고추장 1큰술, 고춧가루 2큰술, 양조간장 2큰술, 청주 3큰술, 쌀조청 5큰술, 매실청 2큰술

토핑

아몬드슬라이스 1큰술, 흑임자 적당량

● 만들어 볼까요 ●

01 장어는 흐르는 물에 한번 씻어 키친타월로 물기를 제거한 뒤 소금과 후추로 밑간한다.

02 밑간한 장어는 약 2.5~3cm 두께로 썬다.

03 썬 장어를 볼에 담고 전분가루와 계란노른자를 넣어 조물조물 무친다.

04 강정소스도 미리 만들어 둔다.

05 기름에 장어를 하나씩 넣어가며 바삭하게 튀긴다(두 번 튀기면 더 바삭해져요).

06 튀긴 장어는 키친타월에 얹어 여분의 기름을 제거한다.

07 냄비에 강정소스를 넣어 보글보글 끓인 후 튀긴 장어를 넣어 고루 섞어 준다.

08 강정소스가 잘 버무려 졌으면 흑임자나 아몬드슬라이스를 뿌려 마무리한다(다른 견과류를 넣어주셔도 좋아요).

눈개승마무침

고기맛, 삼맛, 두릅맛이 난다고 하여 삼나물이라고도 불리는데요.
된장과 고추장을 넣어 무치니까 특유의 강한맛이 약해져서 먹기 좋더라고요.

재 료
눈개승마 70g, 천일염 0.5큰술
양념장 재료
고추장 0.5큰술, 된장 0.5큰술, 들기름 1큰술, 흑임자 0.5큰술, 쌀엿 0.5큰술

● 만들어 볼까요 ●

01 억센 줄기부분은 잘라내고 잎부분만 사용한다.

02 넉넉한 물에 눈개승마와 천일염 0.5큰술을 넣고 30초~1분간 데쳐준다.

03 데친 후에는 재빨리 찬물에 헹궈 소쿠리에 담아 물기를 빼준다.

Tip
• 눈개승마는 무침뿐만 아니라 장아찌, 국, 비빔밥재료로 다양하게 드실 수 있어요.
• 나물을 데칠 때는 자신의 소화력 상태에 맞게 데쳐주시면 돼요. 소화력이 약할 경우 1분 이상, 그렇지 않을 경우엔 살짝만 데쳐 아삭한 식감을 살려 주시면 된답니다.

04 볼에 양념장을 미리 만들어 준다.

05 볼에 물기 짠 눈개승마를 넣고 무쳐준다.

전복버터구이

쫄깃쫄깃 고소한 버터의 풍미가 전복의 고급스러움과
격을 높여주는 요리예요. 마늘과 매운 홍고추로 느끼함을 잡아
풍미와 감칠맛을 더했어요.

재 료

전복 3미, 가염버터 10g, 다진마늘 0.2큰술, 매운홍고추 1/3개, 파슬리가루와 빛소금 약간

● 만들어 볼까요 ●

Tip
전복은 면역력을 증강시켜주고 영양과 기력을 보하는데 좋은 식재료예요.

01 전복을 솔을 이용해 구석구석 깨끗하게 닦는다.

02 깨끗하게 닦은 전복은 숟가락이나 칼을 이용해서 껍질과 분리시킨다.

03 내장이 터지지 않게 잘라 따로 보관하였다가 전복죽을 끓일 때 사용하면 영양가 있는 죽을 만들 수 있다.

04 손질이 끝난 전복에 중간까지 칼집을 내어 큐브 모양으로 썰어준다. 그래야 속까지 양념이 배어 고소하게 즐길 수 있다.

05 팬에 버터와 다진마늘을 넣고 타지 않게 1~2분 정도 볶는다.

06 버터가 녹으면 전복과 매운 홍고추를 넣어서 볶아준다.

07 전복이 노릇노릇해지면 약간의 빛소금을 넣어 간을 해주고 파슬리가루를 솔솔 뿌려 완성한다.

망고 스크램블 에그

달걀의 풍부한 영양을 부드럽고 촉촉하게 즐길 수 있는 요리로,
주로 서양에서는 아침에 토스트와 햄, 치즈와 함께 먹는 스크램블 에그에 망고를 넣어
좀 더 풍부한 맛과 향을 가미해 봤어요.
달콤하고 수분감이 풍부한 망고가 들어가 평소에 만들어 먹던 스크램블 에그보다 더 부드럽고 촉촉하더라고요.
망고의 향 때문인지 계란 비린내도 나지 않아서 누구나 맛있게 즐길 수 있는 망고 스크램블 에그입니다.

망고 1개, 계란 3개, 다진 브로콜리 10g, 빛소금 0.2큰술, 우유 50ml, 식용유 2큰술,
후추 조금

● 만들어 볼까요 ●

01 잘게 다진 브로콜리와 계란, 우
유, 망고를 준비한다.

02 계란을 멍울 없이 푼 후 우유, 브
로콜리, 소금을 넣어 간을 한다.

03 망고는 먹기 좋은 크기로 썬다.

04 팬에 식용유 2큰술을 두르고 계
란푼 물을 넣는다. 몽글몽글 해
지면 천천히 섞어 준다.

05 계란이 몽글몽글 해질 즈음 망고
를 넣어서 살살 섞어 준다.

06 잘 만들어진 스크램블 에그에 풍
미가 살아나도록 후추를 조금 넣
어주면 완성이다.

Tip
스크램블 에그는 계란프라이처럼 푹 익히지 않고, 2/3정도만
가볍게 익힌 후 나머지는 여열로 익혀 부드럽답니다.

아몬드 꿀무침

견과류가 몸에 좋다는 것은 알지만 챙겨 먹기가 힘들죠.
간단하게 꿀과 버무려 반찬으로 만들어 식사할 때 먹으면 좋아요.
강정처럼 딱딱하지 않고, 달콤하면서도 바삭바삭 씹혀 아이들도 잘 먹는답니다.

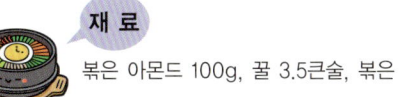 **재 료**

볶은 아몬드 100g, 꿀 3.5큰술, 볶은 통깨 1큰술

01 로스티드가 된 아몬드를 준비한다. 생아몬드인 경우, 마른 프라이팬에 중약불로 볶아 사용한다.

02 꿀을 넣고 버무린다(올리고당이나 조청 혹은 아가베시럽을 넣어도 좋다).

03 더욱 고소한 맛을 위해 통깨를 뿌려 마무리한다.

 **Tip**

아몬드는 불포화지방산과 비타민E, 철분, 칼슘 등이 풍부한 견과류예요. 생아몬드를 볶아서 사용하는 경우, 반드시 아몬드를 식힌 후 꿀과 함께 버무려주세요. 그래야 아몬드끼리 달라붙지 않는답니다.

돌나물무침

칼슘이 풍부한 돌나물은 초고추장에 버무려도 맛있지만,
고소한 깨소금을 듬뿍 넣어 조선간장에 버무려도 짭조름하니 입맛을 돋워줘요.

재 료

돌나물 50g
양념장 재료
들기름 1큰술, 조선간장 0.6큰술, 고춧가루 0.5큰술, 깨소금 2큰술

● 만들어 볼까요 ●

Tip

돌나물은 연해서 흐르는 물에 씻기보다 물에 담가 흔들흔들 씻어야 짓무르지 않아요. 고기 먹을 때 쌈에 곁들이면 상큼하게 즐길 수 있고, 비타민이 풍부해 부족한 영양을 보충할 수 있어 좋아요.

01 볼에 넉넉히 물을 붓고 돌나물을 넣어 씻어준다.

02 절구에 볶은 참깨를 넣고 곱게 빻아 깨소금을 만든다.

03 볼에 양념장을 만든 후 돌나물을 넣어 무치면 완성이다. 돌나물은 풋내가 날 수 있으니 젓가락으로 살살 무치거나 손으로 가볍게 버무려 내는 게 좋다.

전복장조림

육질이 부드럽고 쫄깃쫄깃하면서 담백한 맛이 특징인 전복은 단백질 및 비타민, 미네랄이 풍부해 원기회복에 좋아요.
전복장조림은 짭조름해 밑반찬으로도 좋고 죽을 먹을 때 함께 곁들이면 입맛을 돋우기도 한답니다.

재 료

전복 7~10미

조림장 재료

양조간장 150ml, 물 200ml, 매실청 200ml, 매운 홍고추 1개, 양파 1/4개, 마늘 1줌,
생강 2g, 대파 1/2대

● 만들어 볼까요

01 손질한 전복은 속까지 양념이 밸 수 있도록, 윗부
분만 큐브모양으로 칼집을 낸다(전복손질법 p. 99
참고).

Tip
전복은 주방전용솔을 이용해서 구석구석
닦아주세요. 숟가락이나 칼로 껍질과 분리
시킨 후, 내장과 이빨을 제거해주세요. 내
장은 따로 모아 냉동보관 해두었다가, 전
복죽을 끓일 때 사용하면 좋아요.

02 조림장 재료를 모두 넣고 채소가 푹 물러질 때까
지 15~20분 가량 끓인다.

03 2에 손질한 전복을 넣고 약 5분 정도 끓인다. 취
향에 따라 소금(분량 외)으로 간을 해도 좋다(조림
장은 부침개 등의 소스로 활용해도 된다).

방울토마토 브로콜리볶음

남은 방울토마토를 처치하기 곤란할 때나 브로콜리를 색다르게 먹고 싶을 때 만들면 좋은 요리예요.

재 료

데친 브로콜리 60g, 방울토마토 5개, 마늘 2개, 건고추 1개, 식용유 2큰술,
빛소금 0.1~0.2큰술

● 만들어 볼까요 ●

01 데친 브로콜리는 한 입 크기로 썰고, 방울토마토
는 반으로 자른다. 마늘은 편으로, 건고추는 1cm
크기로 썰어 준비한다.

02 프라이팬에 식용유 2큰술을 두르고 편마늘과 건
고추를 넣고 약 2분간 향을 낸다.

03 방울토마토와 데친 브로콜리를 넣고 볶다가 빛소
금으로 간을 맞춰 마무리한다.

Tip

• 방울토마토를 기름에 볶으면 흡수율이 더욱 좋아져요.
• 방울토마토 대신 버섯류를 넣어도 아주 맛있답니다.

Part 1.
자연식 삼시3끼

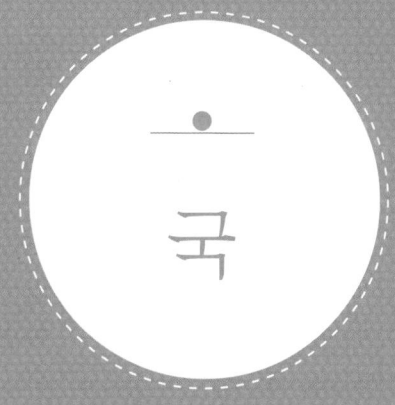

국

황태콩나물국

오늘은 무슨 국을 끓이지? 주부들은 반찬보다도 국이나 찌개메뉴에
더 많은 고민을 하게 되는 것 같아요.
속을 시원하고 개운하게 해주는 황태콩나물국을 끓여 보세요.
술 마신 다음날 간 해독 및 숙취해소에도 좋답니다.

재 료

콩나물 100g, 무 100g, 황태 20g, 건다시마 15g, 물 6컵(200ml기준), 조선간장 1큰술,
고춧가루 0.6큰술, 대파 1/2대, 홍고추 1/2개, 빛소금 0.2큰술

● 만들어 볼까요 ●

01 냄비에 물과 나박썰기한 무, 황태, 건다시마를 넣
   어 끓인다.

02 끓으면 다시마만 건진다. 맑은 국물을 위해 거품
   은 수시로 걷어준다.

03 무가 반쯤 익었을 때 콩나물과 홍고추를 넣는다
   (홍고추는 크기에 따라 1/2개~1개 정도 넣는다).

04 조선간장과 고춧가루를 넣는다.

05 부족한 간은 빛소금으로 맞추고 어슷썰기한 대파
   를 넣은 후 한소끔 더 끓여 마무리한다.

Tip

맑은 콩나물국을 원한다면, 고춧가루는 생
략해주세요. 콩나물을 처음부터 넣고 끓이
면 식감이 떨어지고 질겨질 수 있으니 나
중에 넣어주세요.

매생이굴국

뭉쳐 있는 모습이 실타래와 비슷한 매생이는 담백하고 시원해 한 번 맛을 보면
자꾸 찾게 되는 식재료예요. 여기에 바다의 우유라고 불리는 굴을 넣어 영양과 맛을 더했답니다.

재 료

매생이 400g, 굴 400g, 다진마늘 1큰술, 표고버섯가루 1큰술, 조선간장 3큰술, 참기름 1큰술, 빛소금 약간

육수 재료

물 6컵, 건다시마 13g, 멸치 15g

● 만들어 볼까요 ●

01 냄비에 육수재료를 모두 넣고 15~20분간 푹 끓인다.

02 매생이는 고운체에 담아 볼에 흔들흔들 3~4회 씻은 후 가위로 3~4번 정도 자른다(매생이를 먹다가 데지 않도록 잘 자른다).

03 잡내를 없애고 신선함을 유지시키기 위해 굴을 옅은 소금물(분량 외)에 넣고 흔들흔들 씻는다.

04 냄비에 육수 건더기를 건져내고, 자른 매생이와 다진마늘을 넣고 끓인다.

05 옅은 소금물에 씻은 굴을 넣는다.

06 조선간장과 표고버섯가루, 참기름을 넣고 부족한 간은 빛소금으로 맞춘 뒤, 5분 정도 더 끓여 마무리한다.

Tip

• 매생이는 제철일 때 많이 구입한 후, 먹을 만큼씩 소분하여 냉동보관하면 일년 내내 즐기실 수 있어요.

• 국물요리에 표고버섯가루를 넣어주면 깊이감이 있고 감칠맛이 난답니다.

• 매생이굴국에 사용되는 굴은 크기는 작은 것보다 큰 것이 좋아요. 굴을 참기름에 볶은 뒤 육수와 매생이를 넣고 끓여도 좋아요.

청경채된장국

뇌의 피로를 예방하는 글루타민이 가득 함유되어 있는
청경채에 구수한 된장을 풀어 부드럽게 떠먹는 청경채된장국을 만들어봤어요.

 **재 료**
청경채 230g, 표고버섯 4개, 된장 2큰술, 다진마늘 1큰술, 청양고추 1개, 대파1/3대
육수 재료
물 5컵(200ml기준), 건다시마 13g, 중멸치 10마리

 ● 만들어 볼까요 ●

01 청경채의 크기에 따라 1~2등분 한다.

02 청경채 뿌리부분의 흙을 구석구석 씻어낸 후, 체에 밭쳐 물기를 뺀다.

03 육수재료를 모두 넣은 뒤 15~20분간 푹 끓인다.

04 표고버섯은 굵게 슬라이스한다.

05 육수 건더기를 건져낸 냄비에 된장을 풀어준다.

06 청경채와 표고버섯, 다진마늘을 넣어 끓인다.

07 청경채가 부들부들해지면 청양고추와 대파를 썰어 넣은 후, 한 소끔 더 끓여 마무리한다.

 **Tip**
청경채는 잎과 줄기가 질기지 않고 연해서 전골, 국, 김치, 무침, 볶음 등으로 다양하게 즐길 수 있어요.

김치냉이된장국

향기에 반하고 맛에 취하는 김치냉이된장국은
제철에 먹는 보약과도 같은 푸드 테라피 메뉴예요.
음식은 건강을 치유하고 다스릴 뿐만 아니라 입맛을 되찾아주기도 한답니다.

재 료

냉이 200g, 잘 익은 김치 150g, 된장 2큰술, 다진마늘 1큰술, 대파 1/3대, 빛소금 0.2큰술

육수 재료

물 8컵, 건다시마 20g, 중멸치 15g

● 만들어 볼까요 ●

Tip

냉이를 깨끗하게 손질하고 살짝 데쳐 물기를 짠 후, 먹을 만큼씩 소분하여 냉동보관하면 편하답니다.

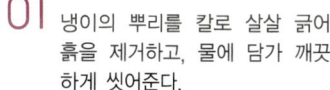

01 냉이의 뿌리를 칼로 살살 긁어 흙을 제거하고, 물에 담가 깨끗하게 씻어준다.

02 냄비에 육수재료를 모두 넣고 15~20분간 푹 끓인다.

03 김치는 2~3cm 크기로 썬다.

04 육수의 건더기는 건져내고 된장, 냉이, 김치를 넣고 끓인다.

05 끓기 시작하면 다진마늘을 넣어 푹 끓이고 대파를 썰어 넣는다. 부족한 간은 빛소금으로 맞춘 후 마무리한다.

버섯들깨탕

버섯은 고기를 대체할 수 있는 식재료이면서
칼로리도 낮아 건강하게 보양을 할 수 있습니다.

재 료

표고버섯 5개, 느타리버섯 100g, 팽이버섯 1봉지, 들깨가루 5큰술, 국간장 1큰술,
빛소금 0.5큰술, 다진마늘 1큰술, 대파 1/2대, 당근40g, 양파 1/2개

육수 재료
물 5컵, 국물용 멸치 7마리, 건다시마 10g

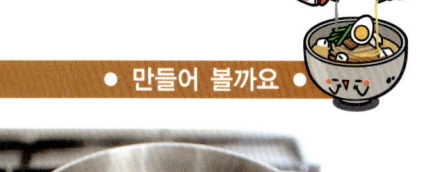

● 만들어 볼까요 ●

01 모든 재료를 손질한다.

02 육수 재료로 육수를 끓인 후 건더기를 건져낸다.

03 냄비에 준비한 모든 재료를 넣고 끓인다.

04 들깨가루, 다진마늘을 넣는다(더 진한 국물을 원한
다면 2큰술 정도 더 추가해 주셔도 좋아요).

05 국간장, 소금으로 간을 하고, 송송 썬 대파를 넣어
한소끔 더 끓여낸다.

Tip
쌀가루 1~2큰술을 넣어 주면 국물 맛이
더 깊어져요. 순두부나 연두부를 넣어도
좋아요.

백합조개탕

따로 육수를 준비하지 않아도 되고, 재료를 손질할 필요가 없어 쉽고 빠르게 끓일 수 있는 국이에요.
백합에서 우러나오는 시원한 감칠맛이 입맛을 돋우며 타우린, 아미노산이 풍부해 간 건강에 도움을 준답니다.
뽀얗게 우러나온 국을 보면 마치, 산호가 펼쳐진 바닷가를 바라보고 있는 느낌이 들어요.
깔끔함, 시원함, 담백함 이 3박자가 잘 어우러진 백합조개탕이에요.

재료

백합 550g, 물 3컵, 청양고추 1개, 홍고추 1개, 대파 1/3대

● 만들어 볼까요 ●

01 깨끗하게 씻은 백합을 준비한다(백합이 잠길 만큼의 옅은 소금물(분량 외)에 백합을 담고 검은 봉지를 덮어 2~3시간 해감한다).

02 냄비에 백합을 넣고 물 3컵을 부어 끓인다.

03 청양고추와 홍고추, 대파를 어슷하게 썰어 준비한다.

04 맑은 국물을 위해 거품은 수시로 걷어낸다.

Tip
• 대파 대신 부추나 미나리를 넣어도 좋아요.
• 백합은 미역국, 순두부찌개, 된장찌개, 백합죽, 콩나물국에 넣는 등 다양하게 활용할 수 있는 재료예요.

05 조개가 입을 벌리기 시작할 쯤, 고추와 대파를 넣어주고 약 2분간 끓여 마무리한다(너무 오래 끓이면 백합이 질겨지므로 주의한다).

굴비찌개

육질이 쫄깃쫄깃하고 맛이 담백한 굴비는 구이로 즐겨도 맛있지만,
무를 넣고 자글자글 찌개로 끓여도 맛이 좋아요.

재 료

굴비 5마리, 무 130g, 아삭이고추 1개, 홍고추 1/2개, 대파 적당량, 양파 1/2개, 물 300ml

양념장 재료

양조간장 2큰술, 집간장 1큰술, 고춧가루 2큰술, 매실청 1큰술, 쌈장 0.5큰술,
다진마늘 1큰술, 표고버섯가루 1큰술

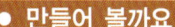

● 만들어 볼까요 ●

01 무는 얄팍하게 썬다(살짝 데친 후 사용하셔도 좋아요). 대파와 고추는 어슷썰고, 양파는 채썰어 준비한다.

02 몸통의 지느러미를 모두 잘라내고, 칼날로 비늘을 벗긴다.

03 아가미로 손가락을 넣어 내장을 모두 제거한다(내장은 쓴맛을 내니 꼭 제거합니다).

04 냄비에 무를 깔고 손질한 굴비를 얹는다.

05 양념장 재료를 모두 섞어 양념장을 만든다.

Tip
쌈장 대신 된장이나 새우젓을 넣으면 감칠맛이 나요.

06 만들어 놓은 양념장을 굴비에 바르고 채 썬 양파, 물을 넣어 끓여 준다.

07 국물이 자작자작해지면 어슷썬 고추와 대파를 넣어 한소끔 더 끓여 완성한다.

양송이버섯 호박된장국

선풍기 틀고, 땀을 뻴뻴 흘려가며 호로록 호로록 떠먹는 뜨끈한 국물요리. 그 뜨거운 맛도 여름의 진풍경이지요. 여름이 제철인 둥근 호박과 담백한 양송이버섯의 구수한 콜라보레이션입니다.

재 료

둥근호박 200g(1/2개), 양파 60g(1/4개), 양송이버섯 6개, 청양고추 2개, 대파 1/2대,
된장 2큰술, 고춧가루 0.3큰술

육수 재료

물 5컵, 건다시마 7g, 중멸치 7마리

● 만들어 볼까요 ●

01 둥근 호박을 준비한다.

02 호박, 양파, 고추 등 들어갈 부재
료를 먹기 좋게 썬다.

03 양송이버섯은 2등분해서 준비
한다.

04 육수가 끓으면 육수 건더기를 건
져내고 된장 2큰술과 고춧가루
0.3큰술을 넣는다.

05 호박과 양송이버섯, 양파를 넣고
호박이 푹 익을 때까지 끓인다.

06 호박이 부드럽게 익었으면 고추
와 대파를 넣어 한소끔 더 끓여
마무리합니다. 부족한 간은 소금
으로 해주세요.

Tip

고추와 대파는 요리 중반부에 넣는 것 보다
마지막에 넣고 살짝 끓여내야 요리의 풍미가
좋아요.

만가닥버섯 시금치국

빈혈이 있는 분이나 성장기 아이들에게 좋은 재료인 시금치로 구수하면서도 부드러운 국을 만들어봤어요.
버섯을 넣어 감칠맛을 더했답니다.

재료

시금치 1단, 만가닥버섯 100g, 다진마늘 1큰술, 된장 2큰술, 홍고추 1개, 빛소금 약간

육수 재료

물 7컵, 건다시마 13g, 멸치 20g

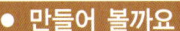

01 시금치를 준비한다.

02 시금치의 누런 잎은 떼어내고 뿌리를 자른 후, 흙이 나오지 않을 때까지 물로 여러 번 씻는다(시금치는 뿌리와 줄기부분에 흙이 많이 묻어 있으므로 깨끗하게 씻는다).

03 만가닥버섯을 준비한다(표고버섯이나 다른 버섯류를 준비해도 좋다).

05 시금치가 부들부들해지면 어슷하게 썬 홍고추를 넣는다. 부족한 간은 빛소금으로 맞춘 뒤 한소끔 더 끓여 마무리한다.

04 건더기를 건져낸 육수에 시금치와 만가닥버섯, 된장, 다진마늘을 넣어 푹 끓인다.

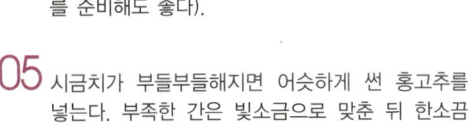

Tip

청양고추를 1~2개 정도 넣으면 칼칼한 맛을 즐길 수 있어요.

달래 순두부찌개

뜨끈한 국물이 생각날 때 보들보들해서 술술 넘어가는 순두부와 향긋한 달래를 넣고 찌개를 만들어보세요.
얼큰한 감칠맛에 하루의 피로가 녹는답니다.

재료

순두부 1봉, 바지락 200g, 식용유 1큰술, 고춧가루 1큰술, 대파 2큰술, 다진마늘 1큰술, 다시마육수 1컵, 김치 국물 50ml, 국간장 1큰술, 달래 25g, 오이고추 1개, 빛소금 0.1큰술

● 만들어 볼까요 ●

01 바지락을 해감한다(해감법 : 바지락이 잠길 만큼의 물에 천일염 1작은술을 넣은 후, 검은 비닐을 씌워, 냉장고에서 2~3시간 보관한다).

02 뚝배기에 식용유, 고춧가루, 다진마늘, 대파를 넣은 후 타지 않도록 약불에서 충분히 볶는다.

03 바지락이 입을 벌릴 때까지 볶는다(조갯살을 활용해도 좋다).

04 다시마육수를 넣은 뒤, 바지락이 입을 완전히 벌릴 때까지 끓인다.

05 숟가락으로 순두부를 크게 떠서 넣고, 국간장과 김치국물을 넣고 끓인다.

Tip

• 순두부는 수분을 많이 가지고 있기 때문에 처음부터 육수를 많이 넣지 않아도 돼요. 국물이 넉넉한 순두부찌개를 만들고 싶다면, 새우젓 0.5큰술 정도를 넣어 간을 맞춰 주세요. 연해진 국물 맛을 보완할 수 있을 뿐만 아니라 깊은 맛도 느낄 수 있답니다.

• 고추는 항상 마지막에 넣어주세요. 향이 좋은 오이고추를 넣으면 풍미가 더해져요.

06 달래를 넣은 다음 어슷하게 썬 오이고추를 넣는다. 빛소금으로 간을 맞춰 마무리한다.

무 홍합탕

홍합탕은 간 해독에 도움을 주기 때문에 남편 술안주 메뉴로도 좋은 요리예요.
무를 넣으면 시원한 맛과 담백한 맛이 풍부해지고 잡냄새도 없어진답니다.

홍합 500g, 무 130g, 물 500ml, 청주 1큰술, 편마늘 25~30g, 청양고추 1개, 홍고추 1개

● 만들어 볼까요 ●

01 홍합의 수염을 가위로 자르거나 손으로 잡아당겨 제거한다. 홍합에 붙어 있는 이물질은 홍합의 날카로운 부분을 이용해 살살 긁어낸다(깨진 홍합은 신선하지 않을 수 있으니 과감하게 버린다).

02 손질이 끝난 홍합을 물에 바락바락 씻는다.

03 무는 0.2cm 두께로 나박나박하게 썬 후, 냄비에 담는다(무는 홍합보다 익는 속도가 더디므로 얇게 써는 것이 좋다)

04 홍합과 편마늘, 청주를 넣는다.

Tip

• 홍합은 오래 끓이면 질겨져요. 홍합입이 벌어진 후, 한소끔만 더 끓이면 오동통하고 쫄깃쫄깃한 홍합을 드실 수 있답니다.

• 홍합마다 색이 다른데 노란색은 암놈이고 흰색은 수놈이에요. 이렇게 알고 먹으면 더욱 맛있어요.

05 끓기 시작하면 홍합이 고루 익을 수 있도록 뒤적뒤적 저어주며 떠오르는 거품은 걷는다.

05 홍합입이 벌어지면 어슷하게 썬 청양고추와 홍고추를 넣는다.

05 국물이 뽀얗게 우러나면 마무리한다.

쑥국

봄의 향긋함을 담은 쑥과 냉이로 끓인 국이에요.
봄의 향기가 식탁에 가득합니다.

재 료
쑥 80g, 데친 냉이 130g, 된장 2큰술, 홍고추 약간
육수 재료
물 6컵, 건다시마 13g, 멸치 17g

Tip
쑥은 따뜻한 성질을 갖고 있는 식재료로 속이 냉하신 분들께 좋아요. 냉이나 쑥은 제철일 때 손질해서 살짝 데친 후 물기를 짜, 먹을 만큼 소분해 냉동 보관하면 오래 두고 드실 수 있어요.

01 쑥의 노란 잎과 질긴 줄기부분을 잘라낸다.

02 냉동 보관한 냉이라면 해동시켜 준비한다.

03 육수에 된장을 풀어준다.

04 쑥과 데친 냉이를 넣고 끓인다.

05 재료와 국물이 잘 어우러지도록 푹 끓인 후, 어슷 썬 홍고추를 넣어 한소끔 더 끓여 마무리한다. 부족한 간은 소금으로 맞춰준다.

소고기무찌개

찬바람 쌩쌩 불어오는 날에는 뜨끈한 국물요리가 절로 생각나죠.
입맛이 없거나 속을 개운하게 해줄 무언가가 먹고 싶을 때 얼큰하게 끓여 추위를 달래 보세요.

재 료

소고기 200g, 무 150g, 양파 1/2개, 고추장 0.6큰술, 고춧가루 0.5큰술, 국간장 1큰술,
다진마늘 1큰술, 대파 1/2대, 빛소금 0.1큰술

소고기 밑간 재료
소금, 후추

육수 재료
물 5컵, 건다시마 10g, 멸치 10g

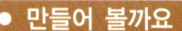 ● 만들어 볼까요 ●

01 무는 나박하게 썰고 양파는 무와 비슷한 크기로 썰어 준비한다(양파를 많이 넣으면 시원한 맛이 떨어지므로 단맛을 살짝 낼 정도만 넣는다).

02 소고기도 무와 비슷한 크기로 썬 후, 후추와 소금으로 밑간한다.

03 육수재료를 넣고 끓인 후, 1과 2를 넣는다(소고기, 무, 양파를 먼저 볶은 다음 육수를 넣어도 된다).

04 고추장과 고춧가루를 넣는다.

Tip
• 고추장을 많이 넣으면 텁텁한 맛이 나요. 고춧가루와 소금을 적절하게 사용해서 간을 맞춰주세요.
• 무에는 디아스타아제라는 소화효소가 들어 있어요. 소화를 돕고 속을 편안하게 해주기 때문에 자주 섭취해주시면 좋아요.

05 맑은 국물을 위해 수시로 거품을 걷어내고, 무가 투명해지면 다진마늘과 국간장, 빛소금을 넣어 간을 맞춘다.

06 모든 재료가 잘 어우러졌으면 어슷하게 썬 대파를 넣어 한소끔 더 끓여 마무리한다.

PART 1. 자연식 삼시3끼 _ 국 **137**

차돌박이 고추장찌개

얼큰함과 달달함의 '케미'가 돋보이는 차돌박이 고추장찌개예요.
시원한 맛이 온몸으로 퍼져 스트레스를 날려준답니다.

재 료

육수 3컵, 감자 1개, 양파 80g, 애호박 60g, 차돌박이 100g, 고추장 2큰술, 고춧가루 0.5큰술,
청양고추 1개, 대파 1/3대, 빛소금 0.2큰술, 다진마늘 1큰술

차돌박이 밑간 재료

후추 약간, 소금 약간

육수 재료

건표고버섯 2개, 건다시마 15g, 솔치 20g, 양파 1개, 대파 1대

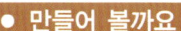

● 만들어 볼까요 ●

01 애호박과 감자, 양파는 한 입 크
기로 썰어 준비한다.

02 차돌박이는 소금과 후추로 밑간
한다.

03 육수재료를 모두 섞고 끓인 후,
건더기를 건져내고 고추장과 고
춧가루 그리고 1을 넣고 끓인다.

04 다진마늘을 넣은 후, 맑은 국물을
위해 떠오르는 거품은 걷어낸다.

05 채소가 익으면 차돌박이를 넣는다.

06 차돌박이가 익으면 어슷하게 썬
청양고추와 대파를 넣는다. 부족
한 간은 빛소금으로 맞추고 한소
끔 더 끓인 후 마무리한다(조선간
장으로 간을 해도 좋다).

냉이 청국장찌개

추적추적하게 비가 내리는 날엔 기름진 음식도 당기지만, 호호 불며 뜨끈하게 떠먹는 구수한 청국장찌개도
생각나지요. 보글보글 끓을 때 냉이를 넣어주면 진하고 은은한 냉이향이 배어 더욱 맛있답니다.

재 료

청국장 490g, 양파 1/2개, 데친 냉이 80g, 묵은지 150g, 감자 1개, 두부 140g, 다진마늘 1큰술, 청양고추 1개, 대파 1/2대, 빛소금 0.2큰술

육수 재료

물 5컵, 건다시마 15g, 멸치 20g

● 만들어 볼까요 ●

01 큼지막한 청국장 하나를 준비한다.

02 냉이, 감자, 양파, 묵은지를 적당한 크기로 썰어 준비한다.

03 육수재료를 모두 넣어 육수를 만든다.

04 적당한 크기로 자른 묵은지, 감자, 양파와 청국장을 넣고 끓인다 (청국장이 잘 으깨지지 않을 수 있으므로 숟가락으로 풀어준다).

05 끓으면 다진마늘, 두부, 데친 냉이를 넣고 푹 끓인다.

06 부족한 간을 빛소금으로 맞춘 뒤, 청양고추와 대파를 썰어 넣고 한소끔 더 끓여 마무리한다 (소금 대신 김치 국물을 넣으면 더욱 깊은 맛이 난다).

Tip

• 냉이와 청국장 모두 향이 강한 재료죠. 냉이를 너무 많이 넣으면 자칫 청국장 본연의 맛을 느끼기 어려울 수도 있으니, 적당량을 넣어주세요.
• 청국장찌개를 끓일 때 묵은지를 사용하면 맛이 더욱 깊어진답니다.

소고기 강된장

마땅한 찬거리가 준비되어 있지 않을 때 만들기 좋은 메뉴예요.
된장은 어느 집이든 늘 구비가 되어 있으니, 냉장고 속 자투리 채소들을 모아서 강된장을 만들어보세요.
김이 모락모락 나는 밥 위에 얹어 쓱쓱 비벼먹는 맛이 일품이랍니다.

소고기 다짐육 3큰술, 들기름 1큰술, 된장 4큰술, 물 1컵, 표고버섯 4개, 양파 1/2개, 애호박 30g, 다진마늘 1큰술, 고춧가루 0.3큰술, 대파 10g, 빛소금 적당량

소고기 밑간 재료
빛소금과 후추 0.1큰술

● **만들어 볼까요** ●

01 표고버섯, 양파, 애호박을 굵게 다진다.

02 냄비에 들기름과 밑간한 소고기를 담고 볶는다.

Tip
소고기 다짐육이 남았을 땐 한 번에 먹을 만큼씩 소분하여 냉동보관해 두고, 아이들 볶음밥이나 볶음고추장을 만들 때 활용해 보세요.

03 준비한 채소를 넣고 양파가 투명해질 때까지 볶는다.

04 된장을 넣어 채소와 함께 섞는다.

05 물을 넣어 더 끓이다가, 보글보글 끓기 시작하면 다진마늘과 고춧가루를 넣고 짜글짜글하게 끓인다(육류를 사용하지 않고 채소만 이용할 경우, 멸치가루를 0.5~1큰술 정도 넣어 깊이감을 낸다).

06 너무 되직하거나 묽지 않게 조절하여 끓인다. 간이 부족하면 빛소금을 넣고, 짜면 물을 조금 더 넣는다. 대파를 썰어 넣어 마무리한다.

채끝등심 미역국

언제 먹어도 맛있는 미역국, 더 맛있는 미역국을 원한다면 채끝등심을 사용해 보세요.
깔끔하고 담백하면서 고급스러운 맛이 난답니다.

재 료

자른 건미역 10g, 채끝등심 140g, 물 5컵(200ml기준), 건다시마 10g, 집간장 1큰술, 빛소금 0.3큰술

채끝등심 밑간 재료

빛소금 약간, 후추, 들기름 1큰술, 집간장 1큰술

● **만들어 볼까요** ●

01 건미역에 물 2컵을 붓고 약 10분간 불린다.

02 미역을 불리는 동안 채끝등심을 먹기 좋은 크기로 썰고, 밑간을 한다.

03 불린 미역을 물에 씻은 후 물기를 짜서 밑간한 소고기와 함께 냄비에 넣고 볶는다.

04 소고기의 핏기가 사라지면 물을 넣고 끓인다(물 대신 쌀뜨물을 사용하면 좀 더 깊은 맛을 낼 수 있다).

05 국물의 감칠맛을 위해 건다시마를 넣고 끓인다. 건다시마가 부풀면 건져낸다.

Tip

미역국을 끓일 때 소금 대신 멸치액젓으로 간을 하면 더욱 깊은 감칠맛을 낼 수 있습니다.

06 다진마늘과 집간장, 소금으로 간을 한다.

07 모든 재료가 잘 어우러지도록 푹 끓인 후 마무리한다.

콩비지찌개

묵은지의 깊은 맛과 콩의 고소함, 돼지고기의 진한 맛이 얼큰하게 어우러져 입맛을 돌아오게 해줘요.
순식물성 단백질이 풍부해 여름철 건강 보양식으로도 손색없는 메뉴랍니다.

재 료

흰콩 1컵, 돼지고기 150g, 묵은지 150g, 참기름 1큰술, 양파 60g, 다진마늘 1큰술, 대파 1줌, 홍고추 1/2개, 콩비지 1컵, 김치 국물 50ml, 물 1컵, 국간장 1큰술, 빛소금 0.2큰술

돼지고기 밑간 재료

청주 1큰술, 후추 조금, 소금 조금

● 만들어 볼까요 ●

Tip

만들고 남은 콩비지는 한 끼 먹을 양만큼 소분해 냉동 보관하거나 콩비지 부침개, 장떡 등을 만들어 드실 수 있어요.

01 콩을 12시간 이상 물에 불린다.

02 불린 콩에 물 2컵을 붓고 믹서기로 갈아준다.

03 돼지고기는 청주 1큰술, 후추, 소금으로 밑간한다.

04 밑간한 돼지고기를 참기름 1큰술과 함께 3분간 볶는다.

05 돼지고기가 하얗게 변하면 묵은지를 넣고 달달 볶아준다.

06 김치 국물과 물, 양파, 다진마늘을 넣는다(물 대신 다시마육수를 사용해도 좋다).

07 보글보글 끓으면 콩비지를 넣는다.

08 국간장과 소금을 넣어 간을 해주고 전체적으로 맛이 잘 어우러졌으면 대파와 홍고추를 넣고 한소끔 더 끓여 마무리한다.

Part 1.
자연식 삼시3끼

밥과 죽

연자육밥

연자육은 연꽃의 성숙한 종자로,
반으로 자르면 길쭉한 모양이 땅콩과 비슷하게 생겼어요.
비위를 돕고 심신을 편안하게 해주는 연자육으로 밥을 지으면
고소하고 담백한 맛에 흠뻑 빠지실 거예요.

Tip
잡곡은 종류에 관계없이
사용하시면 된답니다.

맵쌀 1컵, 찹쌀 0.5컵, 찰현미 0.5컵, 찰기장 1줌, 연자육 22~25개

● 만들어 볼까요 ●

01 잡곡을 씻어 준비한다.

02 연자육을 준비한다.

03 연자육의 가운데를 칼로 자르면 땅콩모양이 나온다. 연자육 가운데 녹색잎은 쓴맛이 나므로 제거한다.

04 렌틸콩을 씻어 놓은 쌀에 손질한 연자육과 잡곡, 물을 넣고 취사버튼을 누른다.

05 취사가 완료되면 고루 섞어준다.

연잎밥

소화가 쉬운 쫀득한 찹쌀에 연잎의 향과
색이 배어 마음까지 차분하게 해주는 연잎밥, 별미처럼 만들어 드셔보세요.

재 료

찹쌀 2.5컵, 물 400ml, 빛소금 0.2큰술, 알밤 5개, 연자육 30g, 연잎 1장

● 만들어 볼까요 ●

01 찹쌀을 깨끗이 씻는다.

02 연자육을 반으로 갈라 가운데 있는 녹색 잎을 제거하고, 알밤은 먹기 좋은 크기로 잘라 준다.

Tip

연잎밥에 콩, 대추, 팥과 같은 곡물류를 넣어도 맛있습니다. 찹쌀을 불려서 만들 경우 밥솥이 아닌 찜기에 바로 쪄도 좋아요.

03 밥솥에 물과 빛소금을 넣고 밥을 한다(찹쌀밥을 할 때는 질척할 수 있으니 물을 많이 넣지 않아요).

04 연잎 가운데에 지은 밥을 넣고 잘 감싸준다.

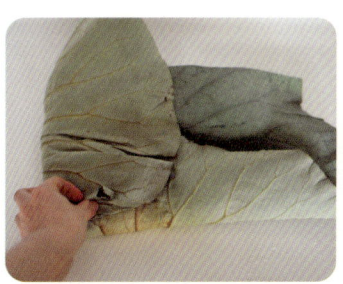

05 연잎으로 감싼 찹쌀밥을 찜기에 올려 15분간 찐다.

렌틸콩밥

세계 5대 건강식품 중 하나로 손꼽힐 만큼 영양이 풍부한 슈퍼곡물 렌틸콩으로 지은 건강밥입니다.
팥과 녹두, 알밤 등의 여러 가지 맛이 느껴지고 씹으면 씹을수록 담백합니다.

백미 1.5컵, 찰현미 0.5컵, 찹쌀 0.5컵, 렌틸콩 3큰술, 물 2.5컵

● 만들어 볼까요 ●

01 소쿠리에 백미, 찰현미, 찹쌀을 넣고 씻는다.

02 렌틸콩은 불리지 않고 사용해도 되므로 도정 전의 렌틸콩을 준비해도 좋다.

03 렌틸콩을 체에 담아 흐르는 물에 씻는다(돌이 있을 수 있으니 잘 씻어주세요).

04 밥솥에 쌀과 렌틸콩, 물을 넣어 밥을 완성한다.

Tip

주황색 렌틸콩밥
탈피된 렌틸콩(주황색)으로 밥을 지을 경우 렌틸콩이 으깨질 수 있으니, 주황색 렌틸콩을 사용할 때는 밥을 먼저 지은 후 삶은 렌틸콩을 섞어주세요.

퀴노아 귀리밥

미국 타임지에서 선정한 10대 슈퍼푸드 귀리와 일반 곡물보다 단백질과 비타민, 미네랄이 풍부해 건강 재료로
인정받고 있는 신이내린 곡물 퀴노아를 함께 넣어 밥을 지어봤어요.
퀴노아는 글루텐이 들어 있지 않아 소화가 잘 되는 곡물이랍니다.
수수와 비슷하게 생긴 레드 퀴노아는 쫀득하면서도 탱글탱글한 식감이 특징이에요.

156

백미 2컵, 귀리 1줌, 발아 퀴노아 1큰술, 레드 퀴노아 1큰술, 물 500ml

● **만들어 볼까요** ●

01 고운체에 백미, 귀리, 발아 퀴노아, 레드 퀴노아를 담는다(한 가지 종류의 퀴노아를 사용해도 된다).

02 1을 박박 문질러 씻지 말고 쌀뜨물만 빠져나가도록 살살 씻어준다(퀴노아는 낱알이 작기 때문에 빠져나가지 않도록 고운체에 담아 씻는다).

03 잡곡과 물을 넣고 40분 동안 취사한다.

04 밥이 완성되었으면 주걱으로 섞어 준다.

Tip
귀리는 다소 거칠어 보이지만 불리지 않고 바로 밥을 지어도 쫀득쫀득하답니다. 백미와 적당한 비율로 혼합하여 밥을 지으면 건강에 좋아요.

비트잡곡밥

비트의 붉은 색깔에는 비트레인이라는 성분이 함유되어 있어요.
이 성분에는 철분이 다량 함유되어 있어서 빈혈에 좋답니다.
비트는 주로 피클 등에 색을 낼 때 사용하지만, 일반 식재료처럼 볶음, 무침 등 다양하게 활용하실 수 있어요.

백미 1컵, 찹쌀 0.5컵, 찰현미 0.5컵, 찰기장 1줌, 비트 50g

● 만들어 볼까요 ●

01 백미, 찹쌀, 찰현미, 찰기장을 체에 담아 씻는다.

Tip
잡곡은 종류에 상관없이 집에 있는 것을 사용하시면 돼요. 버섯류나 알밤 등을 넣어 주면 더욱 영양있게 드실 수 있어요.

02 비트의 껍질을 벗기고 깍둑 모양으로 썬다.

03 밥솥에 잡곡과 비트, 물 2컵을 넣은 다음 취사버튼을 누른다.

귀리 찹쌀죽

단백질 및 무기질이 풍부한 귀리는 차가운 성질을 가지고 있어요.
이러한 귀리와 궁합이 잘 맞는 찹쌀을 섞어 죽을 만들어봤어요.
쫀득쫀득하고 부드러운 식감은 물론 소화도 잘 된답니다.

재 료

귀리 1/2컵, 찹쌀 1/2컵, 들기름 1큰술, 물 3컵, 건다시마 10g, 국간장 1큰술, 빚소금 약간

● 만들어 볼까요

01 귀리와 찹쌀을 동량으로 담고 깨
끗하게 씻은 뒤, 물(분량 외)을
넉넉하게 부어 2~3시간 불린다.

02 불린 귀리와 찹쌀을 냄비에 넣고
약 3분간 볶는다.

Tip
귀리 찹쌀죽을 만들 때,
물 대신 다시마육수를
넣고 끓여도 좋답니다.
이때는 건다시마를 넣지
않아도 돼요.

03 2에 물 3컵을 넣는다(3컵을 한
번에 넣기 부담스럽다면, 물을 1
컵씩 넣고 상태를 확인해가며 죽
을 만든다).

04 건다시마를 넣고 끓인다. 부풀기
시작하면 다시마만 건진다.

05 냄비 바닥에 눌어붙지 않도록 저
어주면서, 죽이 부드럽게 퍼질
수 있도록 중약불로 끓인다.

06 푹 익힌 뒤, 국간장과 빚소금으
로 간을 한다.

07 40분 이상 푹 끓여 마무리한다.

흑임자 잣죽

쌀과 함께 갈아 만들어 좀 더 부드럽게 먹을 수 있는 죽이에요.
소화기가 좋지 않을 때 혹은 환자식으로, 입맛 없는 아침에 가볍게 만들어 드시기 좋아요.

재료

백미 1/2컵, 볶은 흑임자 2큰술, 잣 2큰술, 물 400ml, 빛소금 0.2큰술

● **만들어 볼까요** ●

01 용기에 백미, 흑임자, 잣을 넣는다.

02 용기에 물 100ml를 넣고 갈아 준다.

03 2번을 냄비에 담고 물 1컵을 넣어 끓인다.

04 쌀이 부드럽게 퍼졌을 때 소금으로 부족한 간을 해주면 완성된다.

Tip
• 쌀가루가 뭉칠 수 있으니 수시로 저어 주면서 끓여주고, 농도를 보아가며 물을 추가해 주세요.
• 흑임자 대신 볶은 참깨를, 물 대신 대추 수나 채소수 등을 사용하셔도 좋아요.

병아리콩밥

병아리콩은 병아리를 닮았다고 하여 지어진 이름이고,
칙피 또는 이집트콩이라고도 불린답니다.
근푸근한 알밤과 비슷한 맛이 나는 병아리콩과
건강에 좋은 현미찹쌀을 섞어 지은 밥이에요.
병아리콩만 먹어도 담백하고 맛있어요.

백미 2컵, 현미찹쌀 반컵, 불린 병아리콩 1줌, 물 500ml

● 만들어 볼까요 ●

01 불리기 전의 병아리콩. 불리지 않으면 딱딱하므로
반나절에서 하루 정도 물에 불린다.

02 병아리콩을 불려 준비한다.

03 체에 백미와 현미찹쌀을 담고 물로 씻는다.

04 3을 밥솥에 담고 불린 병아리콩을 올린 뒤, 물을
넣고 40분 동안 취사한다.

Tip
병아리콩은 콩자반, 약식, 호박죽 등을 만들 때
활용해도 좋아요.

야채전복죽

면역력이 저하되는 환절기에 보양식으로 만들어보세요.
입맛 없는 아침, 등교하는 아이들과 출근하는 남편에게 만들어주면
엄마 마음, 아내 마음이 든든한 음식이랍니다.

재료

찹쌀, 전복 3미, 당근 20g, 애호박 30g, 조선간장 1큰술, 참기름 2큰술, 빛소금 0.1~0.2큰술

육수 재료
전복내장 8개, 물 6컵

● 만들어 볼까요 ●

01 찹쌀을 씻은 후, 1시간 정도 불린다.

02 손질한 전복과 애호박, 당근을 비슷한 크기로 썰어 준비한다.(전복손질법 p. 99참고)

03 참기름 1큰술을 두르고 전복 내장을 달달 볶는다(소량의 물과 전복 내장을 믹서에 곱게 갈아 사용하면, 체에 거르지 않고 바로 사용할 수 있다).

04 물을 붓고 끓이다가 팔팔 끓어오르면 중약불로 줄여 10분 정도 더 끓인 뒤 불을 끈다.

05 체에 베 보자기를 깔고 4를 부어 맑은 육수만 받아둔다.

Tip
• 전복을 손질할 때, 내장을 버리지 말고 따로 모아서 냉동보관하였다가 전복죽에 사용하면 좋아요.
• 참기름과 깨를 넣어 먹으면 더욱 고소하답니다.

06 냄비에 참기름 1큰술을 두르고 찹쌀, 전복, 애호박과 당근을 넣고 볶는다.

07 준비한 맑은 육수 3컵을 붓고 끓이다가, 끓으면 불을 줄여 뭉근하게 끓인다(육수의 양은 죽의 상태에 따라 조절한다). 눋지 않도록 이따금씩 저어준다.

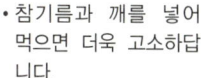

08 죽이 부드럽게 만들어지면 조선간장을 넣는다. 부족한 간은 빛소금으로 맞춰주고 한소끔 더 끓여 마무리한다.

표고버섯 취나물죽

풍성풍성한 고기 전골의 표고버섯과 취나물의 향기가 은은하게 배어있는 죽을 만들어봤어요.
아침 식사 대용으로 좋답니다.

재 료

찹쌀 1컵(200ml), 취나물 60g, 물 150ml, 표고버섯 4개, 들기름 1큰술, 국간장 1큰술,
빛소금 0.3큰술, 물컵(600ml)

● 만들어 볼까요 ●

01 찹쌀을 씻은 뒤, 30분 이상 물에 불린다(씻은 찹쌀을 불리지 않고 취나물과 함께 블렌더에 갈아 사용해도 좋다).

02 식촛물(분량 외, 물 적당량+식초 1큰술)에 손질한 취나물을 약 5분간 담갔다가 흐르는 물에 씻은 뒤 물기를 털어 준비한다.

03 표고버섯은 흐르는 물에 가볍게 씻고 굵게 다진다.

04 취나물과 물을 곱게 갈아준다.

05 냄비에 들기름과 불린 찹쌀, 다진 표고버섯을 넣어 약 3분간 볶는다.

06 물과 함께 갈아준 취나물을 넣고 섞어준다.

07 부족한 물을 넣어가며 푹 끓인다.

08 찹쌀이 부드럽게 퍼지면, 국간장과 빛소금으로 간을 맞추고 마무리한다.

Part 1.
자연식 삼시3끼

이색김치

양배추 사과김치

어릴 때 엄마가 해주시던 양배추김치에 달콤한 사과를 넣어 겉절이처럼 아삭아삭한 신선함을 살려봤어요.

재 료

양배추 150g, 사과 1개

김치양념 재료

고춧가루 2큰술, 다진마늘 0.5큰술, 다진대파 1줌, 멸치액젓 1큰술, 매실발효액 1큰술, 쌀엿 1큰술

● **만들어 볼까요** ●

01 양배추를 먹기 좋게 3등분 한다.

02 사과는 4등분한 후 씨를 제거하고 모양대로 0.2~0.3cm 두께로 썬다.

03 볼에 재료를 넣고 김치양념을 만든다.

04 만든 양념장에 사과, 양배추를 넣고 살살 무친다.

05 부족한 간은 소금으로 맞추고 통깨를 뿌려 완성한다.

Tip

사과 대신 배를 사용하셔도 좋고, 취향에 따라 양배추와 사과, 고춧가루, 소금만 넣어 만드셔도 좋아요.

고들빼기김치

쌉싸름한 맛이 오히려 식욕을 돋우는 별미김치입니다.
씹을 때 인삼과 비슷하다하여 인삼김치라고도 불려요.
쓴맛만 잘 우려내면 너무나도 쉽고 맛있게 담가 먹을 수 있는 김치랍니다.

재 료

고들빼기 1kg, 천일염 7큰술, 당근 30g, 쪽파 1줌, 통깨 1큰술

찹쌀풀 재료
물 200ml, 찹쌀가루 2큰술

김치양념 재료
고춧가루 10큰술, 멸치액젓 2큰술, 설탕 1큰술, 매실발효액 2큰술, 다진마늘 2큰술,
빛소금 2큰술

● 만들어 볼까요 ●

01 고들빼기의 줄기와 뿌리 이음새를 칼로 긁어낸다(흙이 많이 묻은 것이라면 흐르는 물에 대강 씻어 냅니다).

02 고들빼기가 살짝 잠길 만큼의 물을 붓고 천일염 7큰술을 뿌려 준 후, 하루 동안 절인다(소금물이 아닌 맹물에 담그면 상할 수 있어요).

03 하루 절여진 고들빼기 물을 버리고 새로 소금물을 부어준 뒤 하루 동안 더 절여준다.

04 흙이 나오지 않도록 여러 번 씻은 고들빼기를 소쿠리에 담아 물기를 제거한다.

05 찹쌀풀은 미리 쑤어 차갑게 식힌다.

06 식혀 놓은 찹쌀풀을 넣어서 김치양념을 만든다.

07 김치를 버무릴 볼에 고들빼기와 쪽파, 채 썬 당근을 넣는다.

08 양념을 넣어 버무린 후, 부족한 간은 소금으로 맞춰주고 통깨를 뿌려 마무리한다(집집마다 젓갈 양념의 취향이 다르니 새우젓이나 액젓을 가감하세요).

Tip
• 봄에 나는 고들빼기는 소금물에 3일 정도 담가 쓴맛을 우려내고 여름(가을)에 나는 고들빼기는 하루정도 담가 쓴맛을 우려내면 됩니다.
• 김치를 담근 후 실온에서 3~5시간 정도 두었다가 냉장고에 넣으면 양념이 잘 어우러져 더욱 맛있답니다.

단감깍두기

비타민C 함량이 높고 피부미용과 감기예방에 좋은, 아삭아삭 달콤한 단감깍두기예요.
과육이 단단해 무 깍두기 못지않은 식감을 가지고 있어요.
과즙이 풍부해 설탕을 넣지 않아도 단맛이 나는 별미김치랍니다.

재 료

단감 3개, 통깨 1큰술, 빛소금 0.2~0.3큰술

김치양념 재료

고춧가루 3큰술, 매실발효액 1큰술, 다진마늘 1큰술, 대파 1/2대, 멸치액젓 1큰술

● 만들어 볼까요

 **Tip**

• 단감은 사과와 함께 두면 빨리 무르기 때문에 따로 보관해주세요.

• 변비가 심한 분들은 타닌을 많이 함유한 단감껍질과 씨앗 주변은 먹지 않는 것이 좋아요.

• 단감깍두기는 무 깍두기처럼 오래 두고 먹는 김치가 아니에요. 한두 번 먹을 양만큼만 만들어 바로 먹는 게 가장 맛있답니다

01 단단한 단감을 준비한다.

02 가운데 심지부분을 잘라낸다.

03 4등분 하여 깍두기 모양으로 썬다.

04 양념재료를 모두 넣고 버무린다.

05 부족한 간은 빛소금으로 맞춘 뒤, 통깨를 뿌려 마무리한다(소금은 한꺼번에 넣지 않고, 맛을 보며 조금씩 넣는다).

청경채김치

청경채는 주로 쌈이나 볶음 요리에 자주 사용되는 식재료예요. 조금씩 담아 겉절이처럼 즐겨보세요.
아삭하면서도 시원한 맛이 침샘을 자극하는 상큼한 김치랍니다.

청경채 540g, 양파 1/2개, 당근 20g, 다진마늘 1큰술, 물 1컵, 천일염 50㎖, 통깨 약간

김치양념 재료
고춧가루 5큰술, 매실발효액 2큰술, 멸치액젓 1큰술

 ● 만들어 볼까요 ●

01 청경채는 먹기 좋은 크기로 1~2 등분한다(잎을 모두 떼어내도 좋다).

02 물 1컵에 천일염을 넣고 녹인 후, 청경채에 부어 30분간 절인다.

03 절인 청경채를 3~4회 씻은 뒤, 체에 밭쳐 물기를 뺀다.

04 양파와 당근을 채 썬다.

05 볼에 양념재료를 모두 섞어 준비한다.

06 5에 청경채, 다진마늘, 양파, 당근을 넣고 버무린다.

07 부족한 간은 소금이나 액젓(분량 외)을 넣어 맞춘 뒤, 통깨를 뿌려 마무리한다.

복숭아깍두기

한 입 베어 물면, 달콤한 과즙이 입 안 가득 퍼지는 맛난 복숭아를 깍두기 모양으로 잘라 만든 복숭아깍두기예요.
대파 대신 파슬리가루를 뿌렸더니 이국적인 느낌도 든답니다.

재료

복숭아 1개, 파슬리가루 0.5큰술, 소금 0.1큰술

김치양념 재료

고춧가루 1큰술, 멸치액젓 0.5큰술, 쌀조청 1큰술

● 만들어 볼까요 ●

Tip

물렁한 복숭아보다는 단단한 복숭아를 사
용해야 식감이 좋아요.

01 핑크빛 복숭아 하나를 깨끗하게 씻어 준비한다.

02 껍질째 한 입 크기로 썬다

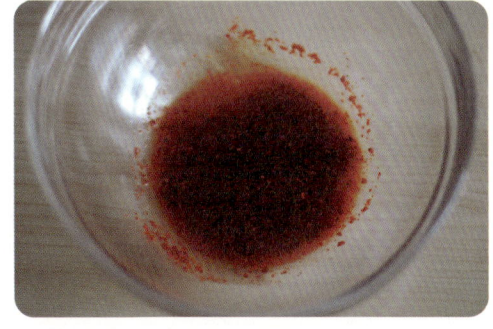

03 양념재료를 모두 섞어 양념장을 만든다(미리 양념
을 준비해야 곱게 버무려진다).

04 양념장에 복숭아를 넣는다(아삭아삭한 식감을 살
리기 위해 절이지 않고 사용한다).

05 부족한 간은 소금으로 맞춘 다음, 파슬리가루 솔
솔 뿌려 마무리한다(대파를 넣어도 좋다).

바나나 무 깍두기

'무를 많이 먹으면 속병이 없다'는 옛말이 있죠. 디아스타아제라는 소화효소가 들어 있어
속을 편안하게 하는 무에, 바나나를 넣어 달콤함까지 더한 이색김치랍니다.
절이지 않아 신선하게 먹을 수 있고, 바나나의 감칠맛과 무의 달콤ㆍ시원한 맛이 다양하게 어우러져 있어요.

재 료

무 400g, 바나나 1개, 쪽파 3줄기, 흑임자 1큰술, 빛소금 0.2큰술

김치양념 재료

고춧가루 2큰술, 멸치액젓 1큰술, 쌀조청 1큰술, 다진마늘 1큰술

● 만들어 볼까요

01 무를 1.5~2cm 두께로 자른 후 나박나박하게 썬다.

02 바나나를 준비한다.

03 볼에 나박하게 썬 무와 쪽파, 양념재료를 모두 넣고 버무린다(양념장을 미리 만들어두었다가 사용해도 좋다).

04 부족한 간은 빛소금으로 맞춘다.

Tip

한두 번 먹을 양만큼 만들어야 가장 맛있게 즐길 수 있어요. 한꺼번에 많이 만들지 않기 때문에 소금에 절이지 않았답니다. 무를 다 버무린 후 바나나를 넣어야 바나나의 모양이 으깨지지 않아요.

05 1cm 두께로 썬 바나나를 넣은 다음, 가볍게 섞고 흑임자를 뿌려 마무리한다.

루꼴라 배 깍두기

배의 풍부한 과즙과 달콤한 맛, 루꼴라 특유의 향긋함을 함께 느낄 수 있는 이색김치랍니다.

재 료

배 300g, 루꼴라 5줄기, 다진마늘 0.3큰술, 고춧가루 1큰술, 쌀엿 0.5큰술,
빛소금 0.2큰술

● **만들어 볼까요** ●

01 배는 껍질을 벗기고 깍둑썰기한다.

02 루꼴라를 깨끗하게 씻어 준비한다.

03 볼에 모든 재료를 담고 살살 버무려 준다.

Tip

• 기호에 따라 잣을 넣어 주면 좀더 고급스럽게 즐길 수 있어요.
• 루꼴라는 이탈리아에서 주로 사용하는 채소로 향긋한 맛이 나서 샐러드나, 피자,
파스타, 무침 등에 사용한답니다.

민들레 사과 겉절이

길거리 돌 틈에서도 강인한 생명력을 자랑하며 노오란 꽃망울을 터트리는 민들레는 위장질환에 좋다고 해요.
쌉싸름한 민들레에 아삭아삭하고 상큼달콤한 사과를 넣어 맛을 더했어요.

민들레 40g, 사과 1/4개, 빛소금 0.1큰술

김치양념 재료

집간장 1큰술, 매실발효액 2큰술, 다진마늘 1큰술, 다진파 1큰술, 통깨 1큰술

● 만들어 볼까요 ●

01 연한 민들레를 준비한다.

Tip

• 길거리나 도로 근처에 있는 민들레에는 중금속 성분이 들어있을 수 있으니 캐지 않는 게 좋답니다.
• 집간장(조선간장) 대신 멸치액젓이나 까나리액젓을 사용해도 좋아요.

02 껍질째 씻은 사과는 1/4조각으로 자른 후, 얇게 썬다.

03 볼에 양념재료를 모두 넣고 섞는다(미리 준비해야 양념이 서로 잘 어우러지고 간이 고루 잘 밴다).

04 민들레와 사과를 넣어 버무리고 부족한 간은 빛소금으로 맞춘다.

명이나물김치

'산마늘'이라고도 불리는 명이나물은 주로 쌈이나 장아찌로 즐기는데요,
색다르고 신선한 맛을 느끼고 싶어 김치로 담가봤어요.
풍부한 마늘맛이 나서, 별미로 즐기기에 안성맞춤이랍니다.
여러 김치 중에서도 베스트 오브 베스트로 꼽힐 정도로 맛있는 별미김치, 명이나물김치예요.

재료

명이나물 150g

김치양념 재료

고춧가루 3큰술, 매실청 2큰술, 멸치액젓 2큰술, 다진마늘 1큰술, 양파 1/4개, 당근 30g

● 만들어 볼까요 ●

01 명이나물을 깨끗하게 씻어 물기를 턴다.

02 양념재료를 모두 넣고 섞은 후, 양파에서 수분이 나올 때까지 5~10분 정도 둔다(양파와 당근은 잘게 썰어 넣는다).

03 명이나물 한 장씩 양념을 발라 마무리한다.

Tip

• 명이나물이 연하고 부드럽다면 절이지 않고 만들어도 좋지만, 조금 억세거나 잎이 큰 것이라면 30분 정도 소금물에 절여 사용해주세요.

• 명이나물을 쌈채소로 즐길 때는 마늘을 곁들이지 않아도 좋아요. 매운맛이 너무 강해질 수 있어요.

토마토 소박이

상큼함이 톡톡! 토마토에 오이소박이처럼 가운데 소를 넣어 만든 김치예요.
토마토 소박이는 식탁을 차리기 전 바로 만들어 먹을 때가 가장 맛이 좋아요.
토마토가 저렴일 때 만들어보세요.

재 료

흑토마토 2개, 부추 15g, 당근 8g

김치양념 재료

고춧가루 0.5큰술, 다진마늘 0.2큰술, 멸치액젓 0.5큰술, 쌀조청 0.5큰술, 흑임자 0.5큰술, 빛소금 0.1큰술

 ● 만들어 볼까요 ●

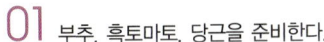

01 부추, 흑토마토, 당근을 준비한다.

02 부추는 0.3~0.5cm 길이로 썰고 당근은 곱게 썬다.

03 토마토는 꼭지를 제거한다.

04 소를 채울 수 있도록 토마토에 십자 모양으로 깊숙하게 칼집을 낸다.

05 양념재료를 모두 넣고 섞는다(빛소금은 취향에 따라 양을 조절한다).

06 토마토에 소를 채워 마무리한다.

 Tip

토마토를 4등분한 다음 부추와 버무려 내도 좋아요. 방울토마토처럼 작은 토마토를 사용할 경우엔 부추의 크기를 토마토와 비슷한 크기로 썰어 주세요.

Part 2.
건강한 주말 특식

한그릇 요리

두릅김밥

따끈한 두릅김밥에 피어오르는 봄의 향기, 두릅이 한창일 때 만들어 먹을 수 있는 별미 김밥이에요.

재료

찹쌀현미밥 2공기, 김밥김 2장, 두릅 100g

양념 재료

두릅 양념 : 된장 0.3큰술, 고추장 0.3큰술, 들기름 0.5큰술
밥 양념 : 들기름 1.5큰술, 빚소금 0.3큰술, 통깨 1.5큰술

● 만들어 볼까요 ●

01 두릅을 데쳐 물기를 제거하고, 된장과 고추장, 들기름을 넣어 조물조물 무친다.

02 고슬고슬하게 지은 찹쌀현미밥에 분량의 양념을 섞어준다. 소금간은 한 번에 하지 말고 조금씩 넣어가며 해야한다.

03 김밥김 위에 양념한 밥을 넓게 펴고, 두릅무침을 올린다.

04 김밥을 끝에서부터 돌돌 말아준다.

05 돌돌 만 김밥을 먹기 좋은 크기로 썬다.

Tip
햄이나 단무지와 같은 재료를 사용하지 않고, 제철채소를 이용해 만든 김밥은 색다르지요. 우리나라 고유의 장류를 사용하여 무친 나물로 만들어 특별함과 건강함을 준답니다. 소풍이나 나들이 갈 때 맛있게 준비해보세요.

귀리주먹밥

칼로리는 낮으면서 단백질 함량은 높은 귀리,
식이섬유가 풍부해 변비에 좋은 귀리로 쫀득쫀득 찰진 귀리주먹밥을 만들어 봤어요.
보기에는 거칠어 보이지만, 밥을 지으면 쫀득하고 찰진 느낌이어서 입맛을 돌게 해준답니다.
야외 나들이를 갈 때, 아이들 현장학습 갈 때, 캠핑장에서 만들어먹으면 좋아요.

196

재료

부추 3줄기, 참기름 1큰술, 빛소금 0.2큰술, 백미 2컵, 귀리 1줌, 물 2컵

견과류쌈장 재료

된장 1큰술, 고추장 0.5큰술, 쌀엿 0.3큰술, 참기름 1큰술, 다진마늘 0.5큰술, 다진대파 1큰술, 호두 1개, 캐슈넛 1개

● 만들어 볼까요 ●

01 백미 2컵, 귀리 1줌, 물 2컵을 넣어 귀리밥을 짓는다.

02 호두와 캐슈넛을 곱게 다진다.

03 다진 견과류와 쌈장재료를 넣어 쌈장을 만든다.

04 볼에 귀리밥 1공기, 부추 3줄기, 참기름 1큰술, 빛소금 0.2큰술을 넣고 섞는다.

Tip

쌈장 대신 약고추장을 넣어 주셔도 좋아요.

05 밥을 동그랗게 만든 후 가운데 홈을 파주고, 견과류쌈장을 넣어 동그랗게 만들어주면 완성이다.

양배추 오믈렛

양배추와 비주인 당당인 망고, 피망을 넣어 느끼함은 물론 향과 맛, 풍부한 육즙까지
가득 느낄 수 있는 오믈렛이에요.
주말 브런치나 아침식사로도 훌륭하답니다.

재료

계란 3개, 양파 30g, 양배추 40g, 피망 15g, 당근 10g, 식용유 1.5큰술, 후추 0.1큰술, 빛소금 0.2큰술, 파슬리가루 0.3큰술, 슬라이스치즈 1장

 ● 만들어 볼까요 ●

01 양파를 곱게 다진다.

02 볼에 계란 3개를 깨뜨린다.

03 계란을 멍울 없이 풀고 다진 양파, 후추, 빛소금, 파슬리가루를 넣어준다.

Tip
볶음밥을 계란으로 감싸면 오므라이스가 된답니다.

04 양배추, 당근, 피망을 곱게 채썬다.

05 팬에 식용유 1큰술을 두르고 채소를 볶다가 소금과 후추를 각 0.1큰술씩 넣는다.

06 팬에 식용유 0.5큰술을 두르고 3의 계란물을 넣어 한 면을 익힌 다음 뒤집는다.

07 한쪽 가장자리에 볶은 채소와 슬라이스 치즈를 올린다.

08 계란을 반 접어 완성한다.

오이지 낫토 덮밥

여름철 땅에 담그는 오이지에 낫토를 넣어 건강에 좋은 덮밥이에요.

200

재 료

오이지 1개, 낫토 1팩, 어린잎 15g, 밥 1/2공기, 참기름 1큰술

오이지무침양념 재료

고춧가루 1큰술, 쌀엿 0.5큰술, 다진마늘 0.5큰술, 통깨 1큰술

● **만들어 볼까요** ●

01 소금에 삭힌 오이지를 준비한다.

02 오이를 0.3cm 두께로 썰고, 찬물에 담가 염분을 뺀다(오이지의 소금기는 가정마다 다르니 담그는 시간을 조절해주세요).

03 물기를 꽉 짠 오이지를 볼에 담고 무침양념을 넣어 조물조물 무친다(오이 지에 물기가 많으면 양념이 묽어지고 물이 많이 생겨요).

05 어린잎과 낫토를 준비한다(낫토의 유익균은 장 건강에 도움을 주기 때문에 자주 드시면 좋아요).

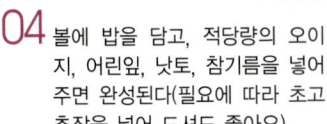

04 볼에 밥을 담고, 적당량의 오이 지, 어린잎, 낫토, 참기름을 넣어 주면 완성된다(필요에 따라 초고 추장을 넣어 드셔도 좋아요).

 **Tip**

🍯 **오이지 담그는 법**

재료 : 오이지용 오이 40개, 물 8L, 천일염 5컵, 식초 50ml 물과 천일염을 팔팔 끓인 뒤 깨끗하게 씻은 오이에 붓고 식으면 식초 50ml를 부어 3일간 실온에서 삭힌다. 김치냉장고에 넣어 저 장하면 1년 내내 오이지를 즐길 수 있다.

취나물주먹밥

봄향기를 가득 머금은 취나물의 향에 취하게 되는
몽글몽글 귀여운 취나물주먹밥을 나들이 도시락 메뉴로 만들어보세요.
산나물의 왕으로 불리는 취나물은 사계절 내내 만나볼 수 있는 식재료지만 봄철 취나물의 맛과 향이 가장 좋답니다.
자칫 밋밋할 수 있는 주먹밥에 새콤달콤매콤한 고추장장아찌가 반전을 주는 주먹밥이에요.

재 료

취나물 70g, 매실장아찌 10조각, 고추장 0.3큰술, 잡곡밥 2공기, 천일염 1작은술, 들기름 1큰술, 빚소금 0.2큰술, 검은깨 0.5큰술, 참깨 0.5큰술, 매실청 1큰술

● 만들어 볼까요 ●

01 취나물이 잠길 만큼 물을 붓고 식초 2큰술(분량 외)을 넣어 약 5분간 담가둔다(식촛물에 담가두면, 살균소독도 되고 농약의 잔류성분이 빠져 나가게 된다).

02 매실장아찌는 굵게 다진 후 고추장을 넣고 섞는다(매실과 고추장에 단맛이 있기 때문에 따로 설탕을 넣지 않는다).

03 끓는 물에 취나물과 천일염을 넣고 1분간 데친다(나물은 소금물에 데치면 색이 선명해진다).

04 데친 취나물은 찬물에 씻어 열기를 식힌 후, 곱게 다져 준비한다(취나물을 곱게 다져야 식감이 부드럽고 주먹밥으로 만들었을 때 모양도 예쁘다).

05 볼에 잡곡밥과 잘게 다진 취나물, 빚소금, 매실청, 들기름, 검은깨, 참깨를 넣고 섞는다.

06 한 입 크기로 동글동글하게 만든 후 가운데 홈을 파서 만들어둔 2를 넣어 속을 채운 후 다시 오므린다(고추장장아찌를 속에 넣는 대신 주먹밥 위에 얹어도 좋다).

Tip

• 밥은 찹쌀 2컵, 멥쌀 1컵, 찰현미 0.5컵을 넣어 지은 잡곡밥을 사용했어요. 밥에 찰기가 있어 잘 뭉쳐지는 것은 물론 소화에도 좋답니다.

• 밥에 매실청을 넣으면 식중독을 예방할 수 있어요. 매실청은 생선이나 고기의 잡냄새를 없애주는 역할도 해요.

순두부 덮밥

칼로리가 적어 다이어트에 좋은 가벼운 한 그릇 요리, 순두부덮밥이에요.
부추간장의 감칠맛이 입맛을 돋운답니다.

재 료

밥 1/2공기, 어린잎 20g, 순두부 1/2봉
부추간장 재료
부추 25g, 양조간장 3큰술, 참기름 1큰술, 고춧가루 0.5큰술, 통깨 1큰술, 매실액 1큰술

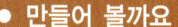

● 만들어 볼까요 ●

01 부추간장을 만든다(달래나 대파를 넣어 만들면 더 좋아요).

02 어린잎을 준비한다.

03 순두부 1봉을 반으로 자른다.

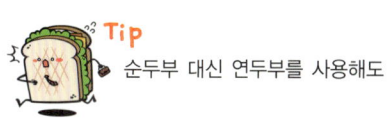

Tip
순두부 대신 연두부를 사용해도 좋아요.

04 그릇에 밥을 담고 어린잎을 가장자리에 빙 둘러 얹는다. 순두부는 숟가락으로 두툼하게 떠서 가운데에 올려주고 부추간장을 곁들여 준다.

케일쌈밥

주말에 아이들과 함께 만들어 먹어도 좋고,
소풍이나 현장학습 도시락으로 준비해도 좋은 메뉴예요.

재료

케일 20장, 밥 2공기, 참기름 1큰술, 빛소금 0.2큰술, 통깨 1큰술

견과류쌈장 재료

된장 2큰술, 고추장 0.5큰술, 다진마늘 0.3큰술, 다진대파 1.5큰술(흰 부분),
쌀조청 0.5큰술, 참기름 1큰술, 호두 2개, 캐슈넛 2개

● 만들어 볼까요 ●

Tip

• 초 물에 케일을 씻으면 농약 잔여물이 제거되고 비타민 손실도 예방할 수 있어요.
• 케일 대신 깻잎, 양배추, 상추 등을 사용하셔도 좋아요.

01 식초를 2큰술 정도 넣은 물에 케일을 씻는다.

02 다진 견과류와 쌈장재료를 가볍게 섞어 쌈장을 만든다.

03 쌈을 말기 편하도록 케일의 꼭지 부분을 잘라준다.

04 끓는 물에 약간의 소금(분량 외)을 넣고 1~2분간 케일을 데친 후 찬물에 씻는다.

05 볼에 밥을 넣고 소금과 참기름, 통깨를 넣어 양념한다. 소금간은 강하지 않게 해주세요.

06 케일의 뒷부분이 위로 올라오게 놓고 밥을 적당하게 뭉쳐 올린다.

07 안쪽으로 돌돌 말아 완성한다. 쌈이 크다면 반을 잘라 주고, 쌈장과 함께 곁들인다.

날치알주먹밥

한입에 쏙쏙 먹기 좋고 톡톡 터지는 오돌오돌한 식감이 입맛을
자극하는 날치알주먹밥이에요.

재 료

표고버섯 20g, 당근 7g, 우엉조림 20g, 날치알 2큰술, 김 약간, 밥 1공기

밥 밑간 재료

참기름 1큰술, 빛소금 0.2큰술

● 만들어 볼까요 ●

01 잘게 썬 표고버섯과 당근을 2~3분간 볶는다.

Tip

우엉조림만들기
재료 : 우엉 300g, 당근 30g, 식용유 1큰술
조림장 재료 : 양조간장 3큰술, 매실액 2큰술, 비정제 사탕수수당 2큰술, 쌀엿 3큰술, 빛소금 0.3큰술
우엉의 껍질을 벗겨 곱게 채 썰어주고 끓는 물에 3분간 데친다. 조림장에 데친 우엉을 넣고 조려줍니다.

02 우엉조림은 곱게 다지고 날치알은 해동해서 준비한다.

03 볼에 밥 1공기를 담고 밑간을 해준 다음 2번의 재료를 모두 넣고 섞어준다.

04 한입에 쏙 들어가기 좋게 모양을 잡아준다.

05 김을 잘라 띠를 둘러주면 완성이다(조미김을 잘라 사용하면 편하다).

닭안심 데리야끼조림 덮밥

부드러운 닭안심을 데리야끼소스에 조려 짭조름하게 즐길 수 있는 한그릇 요리예요.
닭안심은 닭가슴살보다 덜 퍽퍽해서 덮밥용으로 사용하기에 안성맞춤이에요.
소스는 약간 짭조름해야 덮밥으로 즐기시기에 좋아요.

재 료

닭안심 5pcs, 마늘 5개, 건고추 1개

밑간 재료
빛소금 0.1큰술, 후추 0.1큰술, 올리브유 1큰술

데리야끼소스 재료
양조간장 6큰술, 청주 2큰술, 매실청 2큰술, 조청 0.5큰술
(취향에 따라 단맛을 조절해 주세요.)

● 만들어 볼까요

01 데리야끼소스를 만든다.

02 마늘은 편으로 썰고 건고추는 1cm 크기로 썬다.

03 닭안심은 빛소금과 후추 각각 0.1큰술, 올리브유 1큰술을 넣어 밑간한다(랩을 씌워 30분이상 냉장숙성을 시키면 좀 더 부드럽게 드실 수 있어요).

04 올리브유 2~3큰술을 두르고 마늘과 건고추가 노릇해질 때까지 중약불에서 향을 내준다.

05 마늘이 노릇해지면 닭안심을 넣고 앞뒤로 뒤집어 속까지 익혀준다.

06 닭안심이 익었으면 데리야끼소스를 넣고 조린다. 조릴 때 소스가 2~3큰술 정도는 남아있어야 촉촉하게 먹을 수 있다.

블루베리 간장비빔국수

입맛 없는 여름에 매콤짭조름하게 비벼먹으면 집나간 입맛도 돌아오게 만드는 국수예요.
항산화작용에 좋은 블루베리를 곁들이면 상큼함이 더해져 더욱 맛있게 즐기실 수 있어요.

212

재 료

소면 250g, 블루베리 1줌

양념장 재료

양조간장 3큰술, 매실발효액 1큰술, 들기름 1큰술, 깨소금 2큰술, 부추 20g,
매운 고춧가루 1작은술

가니쉬

브로콜리

 ● 만들어 볼까요 ●

01 볶은 참깨를 절구에 곱게 빻아 깨
소금을 만든다. 양념장에 넣어주면
고소함이 배가 된다.

02 부추를 송송 썬다.

03 분량의 양념장 재료로 양념장을
만든다.

04 끓는 물에 국수를 삶는다. 부르
르 끓어오를 때 찬물 붓기를
2~3회 반복해주면 국수가 쫄깃
쫄깃해진다(단, 많은 양의 국수
를 삶을 땐 면이 퍼지기 때문에
이 과정을 생략해 주세요).

05 삶은 국수를 얼음물에 씻어주면
면발이 쫄깃쫄깃해진다.

06 블루베리는 싱싱한 것으로 골라
깨끗하게 씻어준다.

Tip
블루베리 대신 여름제철
과일을 곁들여도 좋아요.
더운 여름 피로회복에도
좋답니다.

07 국수를 돌돌 말아 접시 가운데
올리고, 주위에 블루베리를 놓는
다. 비빔국수 양념장을 국수 위
에 얹으면 완성이다.

소고기볶음밥

굴 소스 없이도 맛있게 만들 수 있는 소고기볶음밥을 소개해 드릴게요.

214

재 료

다진 소고기 170g, 식용유 1.5큰술, 밥 2.5공기, 통깨 1큰술, 빛소금 0.1~0.2큰술, 당근 20g,
양파(大) 1/4개

소고기 밑간 재료
빛소금 0.1큰술, 후추 0.1큰술

양념장 재료
양조간장 3큰술, 들기름 1큰술, 쌀조청 1~2큰술

● 만들어 볼까요 ●

01 다진 소고기에 소금과 후추로 밑
간을 한다.

02 양념장은 미리 만들어 놓는다.
조청의 양은 취향껏 가감한다(조
청 대신 꿀이나 올리고당을 사용
해 좋아요).

Tip
볶음밥을 만들 때, 찬밥
보다 따뜻한 밥이 잘 섞
여요. 찬밥은 전자레인지
에 2분 정도 데운 후 사
용해주세요.

03 당근과 양파를 굵게 썰어 준다.

04 팬에 식용유를 두르고 양파와 당
근을 먼저 볶는다.

05 양파가 투명해지면 밑간한 소고
기를 넣어 같이 볶아준다.

06 고기의 핏기가 사라지면 밥을 넣
는다.

07 재료와 밥이 잘 어우러지면 만들
어둔 양념장을 골고루 끼얹어준다.

08 부족한 간은 소금으로 맞춰주고
통깨를 뿌려 마무리한다.

두릅 꼬막비빔밥

만물이 소생하는 봄. 봄의 좋은 에너지가 봄바람을 타고 흘러 몸속으로 들어오는 건강식, 두릅 꼬막비빔밥이에요.
두릅과 꼬막은 봄철음식으로 몸의 기력을 보호하고, 간기능을 도와 춘곤증을 예방해줘요.
거뜬하게 봄을 지낼 수 있게 도와주는 한 그릇요리예요.

두릅 4개, 꼬막 1줌, 밥 1공기, 천일염 0.3큰술
초고추장 양념 재료
고추장 3큰술, 고춧가루 2큰술, 오렌지즙 50ml, 쌀조청 2큰술, 매실효소 2큰술

● 만들어 볼까요 ●

01 두릅나무와 새순의 연결지점을 자른다.

02 먹을 때 까끌거리지 않도록 두릅의 가지에 있는 가시를 칼날을 이용해서 벗겨낸다.

03 끓는 물에 천일염 0.3큰술을 넣고 손질한 두릅을 30초간 데친 후 찬물에 헹군다.

04 초고추장 양념재료로 초고추장을 만든다(새콤달콤함은 취향껏 조절해 주세요).

05 꼬막은 삶아서 살만 발라낸다.

06 그릇에 밥과 두릅, 꼬막을 얹고, 초고추장을 올린다.

부추 알리오올리오

'알리오올리오를 더 건강하게 먹을 순 없을까?' 하는 생각으로 만든 레시피입니다.
새싹이 돋아나는 봄처럼 연두 빛의 건강함을 더해본 부추 알리오올리오입니다.

재료

부추 80g, 물 100ml, 스파게티면 230g, 천일염 1큰술, 통마늘 14개, 건고추 1~2개, 올리브유 3큰술, 빛소금 약간, 파마산치즈가루 약간

● 만들어 볼까요 ●

01 블렌더에 깨끗하게 씻은 부추와 물 100ml를 넣고 곱게 간다.

02 스파게티 면이 잠길 만큼의 물을 끓이고, 천일염 1큰술과 면을 넣어 부드러워질 때까지 삶아준다 (약 8분 ~ 12분).

03 면이 다 삶아지면 면수를 1컵 정도 여유 있게 따로 남겨둔다(면을 볶을 때 면수를 넣으면 촉촉한 스파게티를 만들 수 있어요).

04 마늘은 편으로 썰고, 건고추는 면포로 먼지를 닦아 굵직하게 자른다.

05 팬에 올리브유 3큰술과 마늘, 건고추를 넣고 마늘이 노릇해질 때까지 볶는다.

06 스파게티 면과 갈은 부추를 넣고 약 3~5분 정도 약불에서 볶아 마무리 한다. 스파게티가 빽빽하면 면수를 넣어준다.

Tip

알리오올리오는 올리브유에 마늘을 볶아 만든 파스타를 말하는데, 알리오는 이태리어로 '마늘', 올리오는 '올리브오일'을 뜻합니다. 마늘과 부추는 미세먼지로 인해 약해진 호흡기점막을 튼튼하게 해 줘요. 특히 '봄 부추는 인삼, 녹용과도 바꾸지 않는다' 라는 말이 있을 정도로 부추는 혈액순환뿐 아니라, 양기를 북돋아 주고 피를 맑게 해 몸을 따뜻하게 해주는 식재료랍니다.

07 부족한 간은 소금과 후추로 맞추고, 기호에 따라 파마산치즈가루를 뿌려도 좋다.

펜네파스타

쫀득쫀득한 펜네의 맛과 은은한 허브향이 가득한 펜네파스타입니다.

재 료

엑스트라버진 올리브유 3큰술, 면수 1/3컵, 파슬리 약간, 빛소금, 허브맛솔트와 후추 적당량, 마늘 16~20개, 건고추 2개

파스타 삶을 때

펜네 200g, 빛소금 1작은술, 물 3컵(200ml 기준)

● 만들어 볼까요 ●

01 건고추는 1cm 길이로, 마늘은 편으로 썰어 준비한다(건고추의 씨는 음식의 풍미와 깔끔한 매운맛을 주므로 함께 사용합니다).

Tip

파스타 면의 한 종류인 펜네는 보통 치즈를 듬뿍 넣은 그라탕으로 많이 이용합니다. 쫄깃쫄깃한 식감과 원통형의 뾰족한 모양의 독특한 생김새로 먹는 재미와 즐거움을 주고, 요리를 하면 속에 양념이 쏙쏙 배어 맛있게 즐길 수 있는 파스타예요.

02 끓는 물에 펜네와 빛소금 1작은술을 넣고 펜네가 익을 때까지 약 8~10분 정도 삶는다(삶은 후 면수 1컵은 남깁니다).

03 삶은 면은 체에 담아 물기를 뺀다.

04 팬에 엑스트라버진 올리브유 3큰술과 마늘, 고추를 넣어 마늘이 노릇해질 때까지 볶는다(파스타의 깔끔한 맛을 위해 엑스트라버진 올리브유를 사용하세요).

05 마늘이 노릇노릇해지면 펜네를 넣어 오일코팅을 시킨다(바로 요리를 할 때에는 오일에 버무리지 않아도 됩니다).

06 재료가 타지 않게 중약불로 줄이고, 면수를 넣어 재료가 잘 섞이도록 볶아준다(면의 상태에 따라 면수의 양을 조절하세요).

07 빛소금과 허브맛 솔트로 간을 하고, 풍미를 위해 후추와, 파슬리 가루를 넣어 마무리한다(파마산 치즈가루를 첨가해도 좋아요).

수박국수

달콤한 듯 매콤해서 입맛을 끌어당기는 쫄깃한 별미국수입니다.
더운 여름날 시원하게 즐겨보세요.

222

재 료

갈은 수박 2컵(400ml), 국수 75g, 고추장 1큰술, 빛소금 0.5큰술, 잣가루 조금

● 만들어 볼까요 ●

01 수박은 씨를 제거해 준비한다.

02 자른 수박을 믹서에 곱게 갈아준다(체에 거르지 않아도 됩니다).

03 볼에 갈은 수박 2컵을 넣고 고추장과 소금으로 간을 맞춰 수박 육수를 만든다. 단맛은 수박의 당도에 따라 조절한다.

04 끓는 물에 천일염 1작은술과 국수를 넣어 삶는다. 부르르 끓어오르면 찬물 반 컵을 붓고 다시 끓이기를 2회 반복한다.

05 쫄깃하게 삶은 국수를 찬물로 헹군다(얼음물에 씻으면 면이 더 탱글탱글해집니다).

06 그릇에 국수를 놓고 수박육수를 붓는다. 고명으로 수박과육과 잣가루를 올려 주면 완성된다.

Tip

씨를 제거하고 갈은 수박을 냉장고에 보관해 두었다가 얼음을 동동 띄워 먹어도 좋고, 아이스큐브에 수박주스를 얼렸다가 국수에 바로 넣어 먹어도 좋아요.

감자계란피자

도우를 밀가루 대신 삶은 감자를 으깨 만들어 떠먹을 수 있는 감자계란피자입니다.
영양듬뿍, 건강가득! 든든하고 푸짐해 아이들 영양간식이나 브런치로 좋아요.

재료

계란 3개, 감자 3개(중), 피망 1/2개, 피자소스 3큰술, 바질잎 7장, 모차렐라치즈 1컵

삶은 감자 밑간 재료

빛소금 0.2큰술, 올리브유 2큰술

01 계란을 삶는다.

02 삶은 계란은 반달 모양으로 썰고 피망은 모양을 살려 썰어 준다.

03 삶은 감자는 매셔로 으깨고 소금과 올리브유로 밑간을 한다.

04 넓은 팬에 밑간한 감자, 피자소스, 계란과 피망 순으로 얹는다.

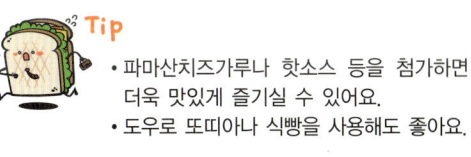

Tip

• 파마산치즈가루나 핫소스 등을 첨가하면 더욱 맛있게 즐기실 수 있어요.
• 도우로 또띠아나 식빵을 사용해도 좋아요.

05 모차렐라치즈를 올린 다음 오븐이나 프라이팬 뚜껑을 덮어 피자가 녹을 때까지 익힌다.

Part 2.
건강한 주말 특식

샐러드 &
샌드위치

알감자 샐러드

소박하면서도 정겨운 맛이 담긴 알감자샐러드예요.
올리브유가 들어가 있어 느끼할 것 같다는 생각은 금물!
한 번 맛보면 은은한 매력에 빠져들게 된답니다.
든든한 포만감이 느껴져 아침 식사나 다이어트식으로 좋아요.

재 료

알감자 400g, 엑스트라버진 올리브유 2큰술, 빛소금 0.2큰술, 파슬리가루 약간

● 만들어 볼까요 ●

01 알감자는 껍질째 깨끗하게 씻은 후 잠길 만큼의 물에 푹 삶는다.

02 삶은 알감자를 반으로 자른다.

03 알감자에 엑스트라버진 올리브유를 넣어 버무린다.

04 소금으로 간을 하고, 파슬리가루를 솔솔 뿌려 준다.

05 다시 골고루 섞어 마무리한다.

Tip
알감자가 굵어 삶는 시간이 오래 걸릴 땐, 삶는 중간중간 젓가락으로 알감자의 가운데를 콕 찍어 구멍을 내면 익는 속도가 빨라진답니다.

렌틸콩 샐러드

알록달록 무지개처럼 다채로운 컬러감으로 시각과 미각이 즐거운 샐러드를 만들어 보세요.

 **재 료**

렌틸콩 50g, 물 2컵, 빛소금 0.1~0.2큰술, 들기름 1큰술, 파슬리가루 약간, 오이 40g,
파프리카(빨강, 노랑) 각 40g씩

● **만들어 볼까요** ●

01 렌틸콩에 넉넉한 물을 부어 20~30분간 삶는다. 삶은 후엔 물에 씻지 않
고 물기만 빠지도록 채반에 담아둔다.

02 오이를 렌틸콩과 비슷한 크기로
썬다.

03 파프리카도 렌틸콩과 비슷한 크
기로 썰어준다.

04 볼에 렌틸콩, 오이, 파프리카를
담고 들기름과 빛소금을 넣어 간
을 하고, 마무리로 파슬리가루를
뿌려 완성한다.

 **Tip**

• 렌틸콩 샐러드는 전체적으로 칼로리가 낮은 편이에요. 고단백 저칼로리 렌
틸콩과 제철채소로 샐러드를 만들면 포만감과 영양, 그리고 맛까지 두루두
루 채울 수 있어 다이어트를 하는 분들에게 좋은 요리입니다.

• 렌틸콩은 녹두처럼 작은 크기로 렌즈모양과 비슷하다고 하여 붙여진 이름이
에요. 맛은 매우 담백하며 팥과 비슷하답니다. 렌틸콩만 먹으면 닭가슴살처
럼 약간의 퍽퍽한 맛이 나지만, 채소를 곁들여 먹으면 수분감과 상큼함이
더해져 맛있게 즐길 수 있어요.

천도복숭아 샐러드

유자 된장드레싱과 천도복숭아가 만나 입맛이 없을 때 식욕을 돋워주는
샐러드가 완성되었어요. 유자에는 레몬보다 3배나 많은 비타민C가 함유되어
있어서 감기예방과 피로회복에 좋답니다.

232

재료

모듬 샐러드용 채소 1팩, 천도복숭아 1개, 노랑 파프리카 20g, 빨강 파프리카 20g

유자 된장드레싱 재료
유자청 3큰술, 된장 1큰술, 사과식초 3큰술

● 만들어 볼까요

01 여러 가지 채소가 들어 있는 모듬 샐러드용 팩을 준비한다.

02 사각사각한 식감을 위해 채소를 얼음물에 약 5분 정도 담갔다가 소쿠리에 담아 물기를 뺀다.

03 분량의 재료를 넣어 드레싱을 만든다.

04 천도복숭아와 파프리카를 썰어 채소와 함께 담는다.

05 먹기 직전에 유자 된장 드레싱을 샐러드에 뿌린다.

Tip
• 샐러드를 매일 만들어 먹는 것이 아니라면 모듬 샐러드용 한 팩을 구입해서 만들어 드시는 것도 경제적이에요. 요즘은 신선하게 제철채소나 다양한 채소를 넣어 만든 간편 제품들이 많아 활용해 보셔도 좋을 것 같아요
• 샐러드를 만들 때 물기를 잘 제거해 주어야 드레싱이 묽어지지 않아 맛있게 드실 수 있어요.

루꼴라 비타민 샐러드

느끼한 음식과 함께 곁들이면 좋은 샐러드예요.
와사비를 넣어 톡 쏘는 맛과 신선한 채소의 아삭거림이 상큼하게 기분을 업시켜준답니다.

재 료

루꼴라 30g, 비타민 40g, 양배추 40g, 당근 15g, 사과 40g, 흑임자 1큰술
와사비소스 재료
연와사비 1큰술, 매실발효액 2큰술

● 만들어 볼까요 ●

01 루꼴라와 비타민을 준비한다.

02 양배추, 사과, 당근은 곱게 채 썰고 루꼴라와 비타민은 반으로 자른다.

03 모든 재료를 볼에 담고 와사비소스를 재료에 부어준다.

04 젓가락으로 버무린 후 흑임자를 넣어 가볍게 섞어주면 완성이다.

 **Tip**

루꼴라와 비타민은 다른 채소들로 대체 가능해요. 연와사비 대신 연겨자를 사용해 만들어도 좋아요.

쑥떡 샐러드

쑥떡을 넣어 든든한 포만감이 느껴지는 쑥떡샐러드예요.
상큼달콤함이 톡톡 터지는 키위드레싱을 곁들여 더욱 맛있게 즐길 수 있어요.

재료

쑥떡 2조각, 양상추 3잎, 노랑 파프리카 20g, 빨강 파프리카 20g
키위드레싱 재료
키위 2개, 레몬청 3큰술, 설탕 0.3큰술, 견과유 2큰술, 빛소금 0.2큰술

● 만들어 볼까요 ●

01 양상추는 손으로 뚝뚝 뜯어 얼음물에 담가 아삭아
삭하게 만들어 준다.

02 파프리카는 모양을 살려 동그랗게 자른다.

03 쑥떡도 준비한다.

04 분량의 재료를 넣어 키위 드레싱을 만든다.

05 샐러드볼에 모든 재료를 담고 드레싱을 끼얹으면
완성이다.

TiP
키위의 산도에 따라 단맛과 신맛을 조절해
주세요.

치아바타 딸기 샌드위치

자연의 음식물로만 속을 채워 신선한 맛을 음미할 수 있는 샌드위치에요.
달콤한 향내로 엔도르핀을 생성해주는 불그스름한 제철딸기와 달달한 감말랭이로 만든
초간단 웰빙 샌드위치로 오후의 피로감을 말끔히 씻어보세요.

치아바타 1개, 딸기 2개, 어린잎 적당량, 식초 1큰술, 그릭요거트 2큰술, 감말랭이 4개

● 만들어 볼까요 ●

01 어린잎이 잠길 만큼 물을 붓고 식초를 넣어 흔들흔들 씻는다(어린잎을 식촛물로 씻으면 살균효과를 얻을 수 있고 비타민손실도 예방할 수 있다).

02 딸기를 흐르는 물에 깨끗하게 씻은 후, 얇게 슬라이스하여 준비한다. 감말랭이도 얇게 슬라이스 한다.

03 치아바타의 가운데 부분을 잘라 2등분한다.

04 치아바타의 한 면에 그릭요거트를 양껏 바른다.

05 그릭요거트, 어린잎, 딸기, 감말랭이 순으로 얹어 샌드위치를 완성한다.

Tip
단단한 질감의 그릭요거트는 부드럽고 고소하면서도 진한 풍미가 있어요. 단백질, 칼슘 등이 풍부한 슈퍼푸드랍니다.

렌틸콩 샌드위치

렌즈모양과 비슷하다 하여 렌즈콩이라고도 불리는 렌틸콩은 세계 5대 건강식품으로 손꼽히는 식재료예요.
껍질을 도정하지 않은 브라운색의 렌틸콩은 불리지 않고 바로 삶아 다양한 요리에 활용할 수 있어요.
팥과 녹두의 중간 정도 되는 담백한 맛과 은은한 향이 특징이랍니다.
포근포근하고 담백한 렌틸콩을 넣은 이 특별한 샌드위치를 드셔보세요.

240

재료

식빵 2조각, 어린잎 적당량, 삶은 렌틸콩 1~1.5큰술, 크림치즈 2큰술, 천도복숭아잼 1큰술,
방울토마토 2~3개

● 만들어 볼까요 ●

01 촉촉한 식빵에 크림치즈를 바른다.

02 크림치즈 위에 천도복숭아잼을 바른다.

03 삶은 렌틸콩을 골고루 얹는다.

04 어린잎과 방울토마토를 올리고, 나머지 식빵으로
덮어 마무리한다.

Tip
• 렌틸콩을 삶아 냉동보관한 후, 필요할 때마다 조금씩 꺼내 사용하면 편해요.
• 렌틸콩은 고단백 저지방식품으로 다이어트에 좋은 재료예요.

새송이버섯 양파 샌드위치

새송이버섯의 쫄깃함과 양파 특유의 풍미가 조화롭게 어우러진 샌드위치예요.
자극적이지 않고, 담백한 샌드위치를 만들어보세요.

식빵 2조각, 올리브유 적당량, 새송이버섯 1개, 빛소금 약간, 양파 1/2개, 디종 머스터드 소스 적당량, 모차렐라치즈(슬라이스) 1개, 어린잎 적당량, 발사믹 식초 약간, 후춧가루 약간

● 만들어 볼까요 ●

01 올리브유를 두른 뒤, 식빵을 앞뒤로 노릇하게 굽는다(촉촉한 식빵을 원한다면 굽지 않아도 된다).

02 새송이버섯을 굽고, 빛소금으로 간을 맞춘다.

03 매운맛이 사라지도록 양파를 앞뒤로 익힌다.

04 식빵에 디종 머스터드소스를 바르고 모차렐라치즈, 구운 버섯, 구운 양파, 어린잎 순으로 올린다. 그 위에 발사믹 식초와 후춧가루를 뿌려 마무리한다.

Tip
• 디종 머스터드소스 대신 마요네즈나 크림치즈를 사용해도 돼요. 깔끔한 맛을 내고 싶다면, 따로 소스를 바르지 않아도 된답니다.
• 구운 양파를 샌드위치의 속재료로 사용하면 풍미가 좋아져요.

사과 샌드위치

오이의 상큼함과 사과의 달콤함이 어우러져 시원함이 느껴지는 샌드위치예요.
시각, 미각 모두를 충족시키는 사과 샌드위치는 속이 더부룩하지 않아요.
개운하고 깔끔한 샌드위치를 좋아하시는 분들에게 추천해드려요.

재료

식빵 2조각, 무화과잼 1큰술, 사과 반쪽, 오이 1/2개, 어린잎 적당량

● **만들어 볼까요** ●

01 볼에 넉넉한 물을 담고 어린잎을 씻는다(식초 1큰술을 넣고 씻으면, 살균작용은 물론 비타민 손실도 예방할 수 있다).

02 사과가 달콤하기 때문에 빵에 잼은 살짝만 바른다

03 사과는 얇게 썰어 준비한다.

04 오이를 얇게 썬 후, 잼을 바른 빵 위에 얹는다.

05 그 위에 사과와 어린잎을 올린다.

06 나머지 빵으로 덮어 마무리한다.

Tip
• 속이 촉촉하고 부드러운 빵을 사용하는 것이 좋아요.
• 사과를 두껍게 자르면 샌드위치 모양이 예쁘지 않기 때문에, 얇게 썰어 여러 겹 겹쳐주세요.
• 사과 샌드위치는 재료 본연의 맛을 살려 개운하고 깔끔함이 특징이에요. 재료 본연의 맛을 가리지 않도록 향과 맛이 너무 강하지 않은 잼을 사용해주세요.

치즈 계란 샌드위치

치즈의 고소함이 입 안 가득 퍼지면서 오이와 토마토의 상큼함이 약방에 감초 역할을 해주는 샌드위치예요.
사과 한 쪽과 주스 한 잔을 곁들이면 훌륭한 브런치 메뉴가 돼요.
취향에 따라 소스 대신 토마토를 듬뿍 얹어도 되고, 마요네즈나 케첩, 머스터드소스를 뿌려 만들어도 좋아요.

246

재료

식빵 2장, 어린잎 적당량, 슬라이스 치즈 1장, 오이 1/2개, 허브잎(파슬리 가루) 0.2큰술,
계란 1개, 방울토마토(또는 대저토마토) 적당량, 식용류 0.5큰술

● 만들어 볼까요

Tip
허브잎을 계란에 넣고 풀면 잡냄새가 잡아져요.

01 방울토마토를 잘라 준비하고 오이는 슬라이스 한다.
계란에 허브잎을 조금 넣고 거품기로 곱게 푼다.

02 식용유를 두르고 계란물을 부은 뒤, 꾸덕꾸덕해지
면 슬라이스치즈를 한 장 얹는다.

03 반으로 접은 후, 속까지 익을 수 있도록 앞뒤로
노릇하게 부친다.

04 토스트한 식빵에 오이를 얹고, 슬라이스치즈가 들
어간 계란부침을 올린다.

05 그 위에 어린잎과 방울토마토를 올린 뒤, 나머지
식빵으로 덮어 마무리한다.

Part 2.
건강한 주말 특식

건강주스

마씨앗 렌틸콩라떼

위장병에 좋은 마씨앗과 단백질이 풍부한 렌틸콩의 콜라보!
아침에 담백하고 든든하게 즐기기 좋은 건강 음료랍니다. 🌿🌿

재 료

마씨앗 50~100g, 렌틸콩 50g, 빛소금 0.1큰술, 우유 1~2컵, 꿀 적당량

● **만들어 볼까요** ●

01 탈피된 렌틸콩을 준비한다.

02 넉넉한 물에 렌틸콩을 20분 정도 푹 삶는다.

03 마씨앗은 약 10분간 삶는다.

Tip

삶은 마씨앗은 감자와 비슷한 맛이 난답니다.

04 믹서에 삶은 렌틸콩과 마씨앗, 우유를 넣고 갈아 준다(먼저 우유 1컵 정도를 넣으면 되직해지는데, 농도를 맞춰가며 우유를 조금씩 더 넣는다).

05 약간의 빛소금으로 간을 맞추고, 기호에 따라 꿀을 첨가한다.

무화과 수박 주스

무화과는 잘 익으면 과육이 저절로 벌어져요. 그럴 때 먹으면, 설탕보다도 더 달콤하답니다.
한 입 베어 물면 온갖 시름을 다 잊게 되는 신의 과일이라고 할 수 있어요.
무화과를 말려서 베이킹 속재료로 많이 사용하는데, 신선한 과육으로 샐러드나 주스를 만들면 고급스러운 맛을 느낄 수
있어요. 수분이 가득한 수박과 함께 갈아 목 넘김도 부드럽답니다.

무화과 3개, 수박 200g

● 만들어 볼까요 ●

01 무화과를 준비한다.

02 주스를 마실 때, 이물감이 들지 않도록 수박의 씨는 모두 제거한다.

03 무화과를 손질한다. 무화과의 꼭지를 잡고 아래를 향해 벗기면 쉽게 껍질을 벗길 수 있다(무화과 껍질에도 영양소가 있으므로 취향에 따라 제거하지 않아도 좋다).

04 준비한 수박과 무화과를 넣고 믹서로 갈아준다.

Tip
무화과는 빨리 물러져요. 구입하고 바로 먹지 않는 경우에는 김치냉장고에 넣어 신선하게 보관해 주세요.

양배추 마주스

씹으며 마시는 양배추 마주스는 위장장애가 있을 때 꾸준히 마시면 좋은 건강주스랍니다.
양배추 특유의 진한 향 때문에 목넘김이 부담스러울 수도 있지만, 마가 들어가 향과 맛을 부드럽게 잡아줘요.

양배추 100g, 마 50g, 물 250ml, 빛소금 0.1큰술

● 만들어 볼까요

01 양배추와 마를 준비한다.

02 용기에 양배추, 마, 물을 넣는다.

03 믹서기로 곱게 갈고 빛소금 0.1큰술 정도를 넣어 완성한다(빛소금이 없을 경우에는 생략).

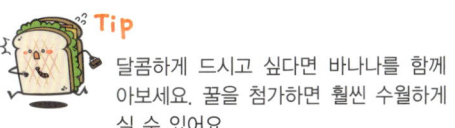

Tip

달콤하게 드시고 싶다면 바나나를 함께 갈아보세요. 꿀을 첨가하면 훨씬 수월하게 마실 수 있어요.

망고 딸기 주스

붉은 딸기와 노란 망고로 주황색 망고 딸기 주스를 만들었어요.
내 몸에 비타민을 톡톡 넣어주고 스트레스는 팍팍 날려주는 생과일주스랍니다.
신선한 과일이 긴장된 몸을 편안하게 이완시켜주면서 활력까지 불어넣어요.

재료

망고 1개(350~400g), 딸기 8~10개

● 만들어 볼까요 ●

Tip

망고 후숙하는 법
신문지에 돌돌 말아 냉장숙성하거나 실온에
3~4일 정도 두면 맛있게 익는답니다.

01 망고와 딸기를 준비한다.

02 딸기는 꼭지를 제거하고, 망고는 껍질을 제거한
다음 과육만 골라 믹서에 담는다.

03 물을 넣지 않고, 과일이 가진 수분으로만 갈아준
다.

부추 바나나 블루베리 주스

부추의 강한 맛과
향을 바나나가 부드럽게 잡아준 맛있고 건강한 주스예요.

재 료

부추 15g, 바나나 2개, 블루베리 30g, 물 100ml

● 만들어 볼까요

01 부추와 바나나, 블루베리를 준비한다.

02 재료를 용기에 담고 물을 넣어준다.

03 믹서기로 갈아 주면 완성된다.

Tip

- 부추 바나나 블루베리 주스는 컴퓨터 앞에 오래 앉아 있는 사람에게 좋고, 책을 많이 보는 우리 아이들에게도 좋은 건강 음료예요.
- 물 대신 연근수나 기타 차(茶)를 넣어 갈아 주어도 좋아요.

파인애플 케일 주스

피곤할 때 자연스럽게 찾게 되는 커피 대신 천연 비타민 주스로 오후의 나른함을 깨워 보세요.
상큼한 주스는 기분까지 업 시켜준답니다.

260

재료

파인애플 200g, 케일 3장, 생수 180ml, 꿀 1큰술

01 볼에 케일이 잠길 만큼의 물을 붓고 식초 1큰술을 넣은 다음, 케일을 5분간 담가둔다.

02 파인애플 과육을 작게 잘라 준비한다.

03 믹서에 준비한 케일과 파인애플을 담아 갈아준다.

04 기호에 따라 꿀이나 올리고당을 첨가한다.

Tip

케일은 체내에 쌓인 니코틴을 해독시켜 주기 때문에 흡연자에게 좋아요. 대표적인 녹황색 채소로 비타민A 도 풍부해 시력보호에 좋고 철분, 칼슘 등도 많이 함유되어 있답니다.

치아시드 파인애플 블루베리 주스

낱알이 작은 치아시드는 다양한 성분들을 함유하고 있어 슈퍼푸드로 각광받고 있어요.
수분을 머금으면 젤리처럼 변하고, 몽글몽글하게 부풀어 부드럽고 고소하답니다.
주스에 넣어 마시면 쉽게 포만감을 느낄 수 있어 다이어트에도 좋아요.

262

재 료

냉동 블루베리 40g, 화이트 치아시드 15g, 파인애플 150g, 물 150ml, 꿀 1큰술

● **만들어 볼까요** ●

01 냉동 블루베리를 준비한다(생 블루베리를 사용해도 좋다).

02 화이트 치아시드를 준비한다.

03 파인애플을 작게 자른다.

 **Tip**
치아시드는 음료나 반찬, 간식 및 홈베이킹 등에 다양하게 활용할 수 있는 재료랍니다.

04 믹서에 준비한 블루베리, 화이트 치아시드, 파인애플과 물을 넣고 갈아준다.

05 기호에 따라 꿀을 넣는다(조청이나 시럽을 넣어도 된다).

사과 케일 주스

사과의 달콤함과 케일의 싱그러움이 톡톡. 출출할 때 치아시드를 듬뿍 넣어 한 잔 쭉 마시면,
포만감과 면역력을 쑥쑥 올려주는 건강 주스입니다.

264

사과 2개, 케일 14장, 치아시드 1큰술

● 만들어 볼까요 ●

01 케일과 사과, 치아시드를 준비한다.

02 사과는 원액기 투입구 크기에 알맞게 자른다(사과 전용 커터기를 활용하면 씨와 과육을 손쉽게 분리할 수 있어 편해요).

Tip

원액기가 없을 경우엔 재료를 작게 잘라 믹서로 갈아줍니다. 치아시드는 오메가3 지방산과 단백질, 항산화 성분이 풍부하며, 수분을 머금으면 양껏 부풀어 포만감을 주기 때문에 다이어트에 효과적이에요.

03 원액기를 이용해서 케일과 사과를 착즙한다.

04 착즙된 주스에 치아시드를 넣어 준다.

수박 레몬 주스

가마솥같이 푹푹 찌는 더위에는 심신이 쉽게 피로해지죠.
이럴 때는 수분을 공급해주면서 비타민을 충전해 줄 수 있는 천연 과일주스를 마시는 것이 좋아요.
달콤한 수박에 비타민C가 풍부한 레몬을 넣어 생기를 되찾아 주는 상큼하고 달콤한 수박 레몬 주스랍니다.

수박 400g, 레몬 1개, 얼음 4개

● 만들어 볼까요 ●

01 레몬을 반으로 자른다.

02 스퀴저로 레몬즙을 짠다(손으로
레몬을 눌러 즙을 내도 좋다).

03 작게 자른 수박을 믹서에 갈아
준다.

04 믹서에 간 수박에 레몬즙을 넣고 섞는다.

Tip
남은 수박은 랩을 씌운
뒤 호일로 한 번 더 덮어
서 보관하면, 방금 자른
것처럼 싱싱하답니다.

05 완성된 주스에 얼음을 넣어 마시
거나, 처음부터 얼음을 수박과 함
께 넣고 갈아도 좋다(기호에 따라
꿀이나 시럽을 첨가해도 된다).

Part 2.
건강한 주말 특식

주전부리

호박고구마 식빵롤

식빵을 밀대로 밀어 최대한 크기를 넓힌 다음 으깬 호박고구마를 발라 돌돌 말아주면 되는
간단하고 맛있는 영양간식으로, 고구마가 한창 일 때 만들어 먹으면 좋아요.
하나씩 집어먹기 편한 핑거푸드라서 아이들 도시락에 넣어도 좋아요.

식빵 4개, 호박고구마 2개, 꿀 혹은 조청 1큰술

● 만들어 볼까요 ●

01 호박고구마를 쪄서 껍질을 벗기고 포크나 매셔로
으깬 다음 꿀이나 조청 1큰술을 넣는다(고구마가
뜨거울 때 으깨야 잘 으깨집니다).

02 식빵을 밀대로 누르듯이 납작하게 밀어 준다(대강
밀면 돌돌 말때 잘 안 말아질 수 있어요).

03 으깬 호박고구마를 2/3정도만 발라준다.

04 바닥에 랩을 깔고 식빵을 올린 다음 랩을 이용해
매끄럽게 돌돌 말아준다.

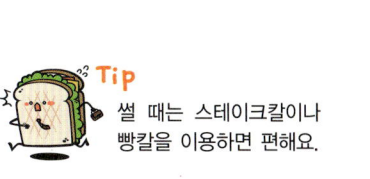

Tip
썰 때는 스테이크칼이나
빵칼을 이용하면 편해요.

05 랩을 벗겨내고 한입 크기로 썰어주면 완성이다.

훈제연어 새싹말이

연어의 느끼함을 새싹채소의 상큼함과 톡 쏘는 와사비 요거트드레싱이 꽉 잡아줘서 부드러운 듯 개운해요.
마치 초밥을 먹는 듯한 느낌을 즐기실 수 있어요.

재료

훈제연어 300g, 새싹채소50g, 파슬리가루 적당량

와사비 요거트드레싱 재료

플레인요거트 1개(90g), 와사비 1/2큰술, 쌀조청 1큰술, 빛소금 0.2큰술

● 만들어 볼까요 ●

01 와사비 요거트드레싱 재료를 섞어 드레싱을 만든다.

02 다양한 맛의 새싹채소를 씻어 준비한다.

03 훈제연어의 넓은 부분에 새싹채소를 듬뿍 올린다(연어에 묻어 있는 지방을 키친타월로 닦은 후 만들면 훨씬 깔끔해요).

04 새싹채소가 나오지 않도록 타이트하게 돌돌 만다.

05 말이의 가운데를 자르고, 자른 면에 와사비 드레싱과 파슬리가루를 솔솔 뿌려준다.

Tip
말이 속재료로 파프리카나 케이퍼, 무순 등을 추가하면 더 맛있는 간식이 됩니다.

체리 그래놀라 요거트

카페 부럽지 않은 비주얼을 가진 쉽고 간단한 홈카페 디저트 메뉴랍니다.
식후 디저트, 방과 후 간식, 손님초대요리, 파티요리로도 손색이 없어요.

 **재 료**
플레인요거트 2개, 그래놀라 적당량, 체리 5~6개, 베이킹 소다 약간, 식초 2~3큰술

● **만들어 볼까요** ●

01 체리가 잠길 만큼의 물에 베이킹 소다를 붓고 약 5분간 체리를 담가두었다 꺼내준다. 다시 같은 양의 물에 식초 2~3큰술을 넣어주고 체리를 담가 이중으로 세척해 잔류농약을 제거한다.

02 컵에 플레인 요거트를 먼저 넣는다.

03 여러 가지 견과류와 건과일이 섞여있는 그래놀라를 요거트 위에 올린다.

 **Tip**
체리 외에 키위, 블루베리, 딸기 등 제철 과일을 얹어도 좋아요.

04 그래놀라 위에 다시 요거트를 올린다.

05 체리는 반으로 갈라 가운데 씨를 빼고 과육만 준비한다.

06 요거트 위에 체리를 얹는다.

천도복숭아 구이

살캉살캉하게 구워 달콤새콤하게 먹을 수 있는 에피타이저예요.
와인과 함께 곁들여도 좋은 한 접시 메뉴랍니다.

재료

천도복숭아 2개, 올리브유 0.5큰술, 견과류 2큰술, 베리류 3큰술, 레몬청 1~2큰술, 어린잎채소 약간

● 만들어 볼까요 ●

01 천도복숭아는 깨끗하게 씻는다.

02 씨 부분을 제외한 과육은 동그란 모양을 살려 썰고, 올리브유를 둘러 그릴팬에 올린다.

03 천도복숭아에 그릴자국이 남도록 앞뒤로 굽는다.

04 구운 천도복숭아를 접시에 예쁘게 담는다.

05 준비해 둔 어린잎채소와 견과류와 베리류를 올린 후, 레몬청을 끼얹어 마무리한다.

Tip

천도복숭아를 구울 때는 올리브유를 살짝만 두르세요. 올리브유의 양이 많으면, 천도복숭아의 맛이 떨어지고 깔끔하지 않답니다.

바게트 모차렐라 카나페

하나씩 들고 먹기 좋은 핑거푸드로 와인과 잘 어울리는 메뉴예요.
상큼하면서도 고소한 맛과 쫀득거리는 식감까지! 자연스럽게 '엄지척!' 하게 된답니다.

재료

바게트 1/2개, 프레시 모차렐라치즈 1팩, 방울토마토 10개, 치커리 적당량, 개똥쑥 조청 적당량

● 만들어 볼까요 ●

Tip
개똥쑥 조청 대신 꿀이나 일반 조청을 사용하셔도 좋아요.

01 프레시 모차렐라치즈를 바게트 사이즈로 잘라 준비한다. 방울토마토는 반으로 자른다.

02 바게트에 개똥쑥 조청을 바른다.

03 치커리를 올린다.

04 그 위에 자른 프레시 모차렐라치즈를 얹는다.

05 방울토마토를 올려 마무리한다.

무화과 카나페

꽃이 피지 않고 열매가 열려 '무화과'라는 이름이 붙여졌다고 해요.
하지만 그 속을 보면 불그스름하니 달달한 꽃을 피운 것처럼 매혹적인 과실이랍니다.
샐러드나 잼으로 만들면 고급스러움이 느껴져요.

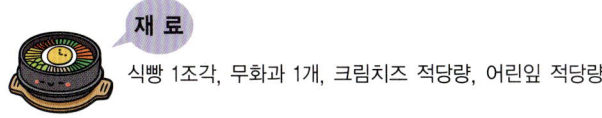

식빵 1조각, 무화과 1개, 크림치즈 적당량, 어린잎 적당량

● 만들어 볼까요 ●

Tip
• 무화과 자체로도 달달하기 때문에 잼은 바르지 않았어요.
• 식빵 대신 바게트나 깜빠뉴 등을 사용해도 좋아요.

01 어린잎은 깨끗하게 씻어서 준비한다.

02 무화과는 4등분 한다.

03 식빵도 4등분하여 준비한다(촉촉하고 신선한 식빵을 사용하는 것이 좋다).

04 식빵에 크림치즈를 적당량 바른다.

05 어린잎과 무화과를 얹어 카나페를 완성한다.

구운 치즈 두릅 카나페

봄의 향기를 가득 머금은 신선한 제철 두릅과 구워도 퍼지지 않고 모양을 그대로 유지하면서
고소하고 쫀득한 구워 먹는 치즈의 콜라보가 와인 안주로 딱이에요.

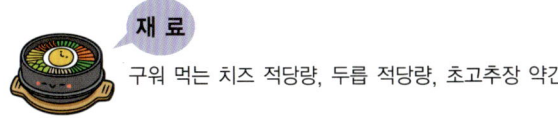

재료

구워 먹는 치즈 적당량, 두릅 적당량, 초고추장 약간

● **만들어 볼까요**

01 손질한 두릅을 끓는 물에 살짝 데쳐 준비한다.

02 구워 먹는 치즈는 약 0.5cm 두께로 썬다.

03 마른 프라이팬에 앞뒤로 노릇노릇하게 굽는다.

Tip

치즈를 구우면, 치즈의 유지방 성분이 빠져 나오기 때문에 반드시 식용유를 두르지 않은 마른 프라이팬에 구워주세요.

04 접시에 구운 치즈와 두릅을 얹고 초고추장을 끼얹어 마무리한다.

건포도 기장떡

건포도의 달콤함과 찰기장의 쫀득함이 매력적인 건포도 기장떡이에요.
간식, 도시락, 밥반찬으로 좋아요.

재료

찰기장 2컵, 물 400ml, 건포도 20개, 건크랜베리 10개, 알밤 3개, 빚소금 0.3큰술

● 만들어 볼까요 ●

01 기장을 흐르는 물에 깨끗이 씻는다.

02 알밤을 건포도와 비슷한 크기로 썬다.

03 밥솥에 모든 재료를 넣고 취사버튼을 누른다.

Tip

재료로 고구마, 단호박, 건블루베리, 견과류 등을 다양하게 활용할 수 있어요. 기장은 칼슘 및 철분 등 다양한 영양소가 있어 면역력 증진에 도움을 주는 곡물이에요.

04 완성된 기장떡을 먹기 좋은 한 입 크기로 썰어주면 완성이다.

리코타치즈 크루아상 샌드위치

홈메이드 리코타치즈를 만들었을 때 만들어 먹으면 좋은 샌드위치예요.
속재료에 구애받지 않고 자유롭게 만들 수 있는 간단한 간식이랍니다.

재 료

크루아상 1개, 치커리 10g, 방울토마토 2개, 리코타치즈 적당량

● 만들어 볼까요 ●

01 샌드위치 만들 재료를 준비한다.

02 크루아상은 가운데를 반으로 갈라주고 먼저 치커리를 넣어 속을 채워준다.

03 방울토마토와 리코타치즈를 얹어 마무리한다.

산딸기 크루아상

아이들 간식 및 파티요리, 손님초대요리로 좋은 산딸기 크루아상이에요.
크루아상의 속을 가득 채운 그릭요거트는 지중해 지역의 전통 요거트로 지방이 적고 단백질 함량이 높아요.
또 크림치즈처럼 단단해서 다양한 요리에 활용할 수 있어요.

288

재 료

통밀 크루아상 1개, 무가당 그릭요거트 1개, 산딸기 4개

● 만들어 볼까요 ●

01 통밀 크루아상을 반으로 갈라준다(옆면이나 가운데를 가르면 됩니다).

02 그릭요거트로 크루아상의 속을 꼼꼼히 채운다.

03 산딸기를 콕콕 넣어주면 완성이다.

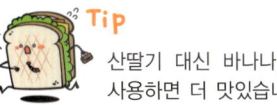
Tip

산딸기 대신 바나나, 블루베리, 딸기 등 제철 과일을 사용하면 더 맛있습니다.

Do It Yourself

쉽고, 재미있고, 나에게 꼭 필요한 DIY 시리즈

THE 쉬운 DIY SERIES

엄마는
스타일리스트

3세에서 8세까지
내 아이를 위한 옷 만들기

걷기 시작하면서 외출도 잦고,
어린이집, 유치원,
그리고 학교에서
많은 친구들을 만날
사랑스러운 내 아이에게
특별한 옷과 센스있는 엄마로
만들어 줄 수 있는
소품으로 가득 담았습니다.

엄마가
꿈꾸는 아기 옷

0세에서 3세까지
내 아이를 위한 옷 만들기

내 아이를 위한 특별한
옷을 원하는 엄마의 소잉
지침서! 이제 막 태어난
소중한 내 아이를 위한
옷과 소품으로,
처음 입는 옷부터
사랑을 담아보세요.
아이에게 소중한 기억과
추억을 만들어 줄 수 있습니다.

라풀의
새댁요리

집 앞 마트
재료로 만드는

갓 결혼한 새댁을 위한
쉽고, 맛있고, 예쁜 요리!
알콩달콩한 신혼을 위한
요리만을 가득 담았습니다.
아침식사부터 밑반찬,
집들이, 부모님 생신,
그리고 사랑의 기념일까지.
집 앞 마트에서 산 식재료로
요리를 만들어서 신혼의
즐거움을 맛있게 즐겨보세요.

스토리
북아트

초등학교 필독서를 읽고
창의력을 키우는

책을 읽기만 하는 아이와
그 안에서 새로움을
꿈꾸는 아이는 다릅니다.
상상력을 키우기 위한 책읽기와
그 상상력을 만들 수 있습니다.
책 속에서 숨쉬는 새로운
북아트를
우리 아이에게 알려주세요.

심플하고 편리한 생활을 꿈꾸는 엄마들을 위한

쉽고, 재미있고, 나에게 꼭 필요한 DIY 책을 만들겠다는 마음으로 탄생한 The 쉬운 DIY 시리즈.
최고의 도서보다는 재미있는 DIY를 즐길 수 있는 책으로 여러분에게 찾아 갑니다.

내 아이를 위한
건강 유아식

요리하는 엄마와 전문 영양사가
함께 제안하는

사랑솔솔, 영양듬뿍
내 아이를 위한 특별한 유아식레시피
"먹기 싫어!" "안 먹어!"를 외치는
우리아이에게 제안하는
현명한 엄마의 레시피
요리하는 엄마와 전문 영양사가
함께 제안하는 건강유아식
이유식 때보다 더 까다롭다는 유아식 시기.
맛과 영양을 놓치지 않으면서
내 아이 바른 식습관을 위한
레시피들을 담았습니다.

꼼꼼한
홈베이킹

친절한 홈베이킹의
모든 것

홈베이킹에 대한 두려움은 실패에 대한
두려움이죠. 이제 두려움 없이
기본 식빵부터 쿠키, 디저트까지
다양한 빵들을 즐겁게 만들어보세요.
상세한 과정사진과 함께 앙꼬의 탄탄한
베이킹 노하우, 유니크한 레시피가
담겨있어요. 빵을 좋아한다면 누구나!
제과제빵에 관심이 있다면 누구나!
자신만의 빵을 구울 수 있는 비밀,
'혼자서도 절대 실패하지 않는
꼼꼼한 홈베이킹' 입니다.

자연식
집밥 요리

고민하는 주부들을 위한
한 끼 레시피

집밥은 거창할 필요가 없다!
간단하지만 건강하고 알찬,
한 끼 가족밥상 레시피
이제 고민하지 말고
책 속 메뉴를 하나씩 골라
가볍게 밥상을 채워보세요.
매일 새로운 요리를
고민하는 주부들을 위한
자연식 집밥 요리입니다.

자연식 집밥 요리

발 행 일 2016년 1월 15일
초판인쇄일 2015년 10월 29일

발 행 인 박영일
책임편집 이해욱

지 은 이 전인영
편집진행 윤승일 · 박종옥 · 이민주
표지디자인 김희선
본문디자인 임아람

공 급 처 (주)시대고시기획
발 행 처 시대인
출판등록 제10-1521호
주   소 서울시 마포구 큰우물로 75[도화동 538번지 성지B/D] 6F
대표전화 1600-3600
팩   스 02-701-8823
홈페이지 www.sidaegosi.com

I S B N 979-11-254-1835-1 [13590]